Das Statistiklabor

Rainer Schlittgen

Das Statistiklabor

R leicht gemacht

Zweite, aktualisierte Auflage

Rainer Schlittgen
Universität Hamburg
Fakultät für Wirtschafts-
und Sozialwissenschaften
Institut für Statistik und Ökonometrie
Von-Melle-Park 5
20146 Hamburg
Deutschland
rainer.schlittgen@uni-hamburg.de

ISBN 978-3-642-01838-1

Springer Dordrecht Heidelberg London New York

Die Deutsche Nationalbibliothek verzeichnet diese Publikation in der Deutschen Nationalbibliografie; detaillierte bibliografische Daten sind im Internet über http://dnb.d-nb.de abrufbar.

Mathematics Subject Classification (2000): 62-01, 62-07

© Springer-Verlag Berlin Heidelberg 2004, 2009
Dieses Werk ist urheberrechtlich geschützt. Die dadurch begründeten Rechte, insbesondere die der Übersetzung, des Nachdrucks, des Vortrags, der Entnahme von Abbildungen und Tabellen, der Funksendung, der Mikroverfilmung oder der Vervielfältigung auf anderen Wegen und der Speicherung in Datenverarbeitungsanlagen, bleiben, auch bei nur auszugsweiser Verwertung, vorbehalten. Eine Vervielfältigung dieses Werkes oder von Teilen dieses Werkes ist auch im Einzelfall nur in den Grenzen der gesetzlichen Bestimmungen des Urheberrechtsgesetzes der Bundesrepublik Deutschland vom 9. September 1965 in der jeweils geltenden Fassung zulässig. Sie ist grundsätzlich vergütungspflichtig. Zuwiderhandlungen unterliegen den Strafbestimmungen des Urheberrechtsgesetzes.
Die Wiedergabe von Gebrauchsnamen, Handelsnamen, Warenbezeichnungen usw. in diesem Werk berechtigt auch ohne besondere Kennzeichnung nicht zu der Annahme, dass solche Namen im Sinne der Warenzeichen- und Markenschutz-Gesetzgebung als frei zu betrachten wären und daher von jedermann benutzt werden dürften.

Einbandentwurf: WMXDesign GmbH, Heidelberg

Gedruckt auf säurefreiem Papier

Springer ist Teil der Fachverlagsgruppe Springer Science+Business Media (www.springer.com)

Vorwort zur zweiten Auflage

Das Statistiklabor hat sich in den vergangenen Jahren erfreulich verbreitet und ist bei vielen Anwendern zu einer festen Arbeitsumgebung geworden. Die Erfahrungen beim Einsatz in der Lehre sind sehr positiv. Viele Studierende, die es im Grundstudium kennengelernt haben, nutzen es im Rahmen von Seminar-, Studien- und Abschlussarbeiten. Es hat die vielfach zu beobachtende Hemmschwelle vor der eigenen Durchführung von Auswertungen deutlich niedriger gemacht.
Seit seiner Einführung wurde einiges neu implementiert und vor allem wurde die Stabilität des Statistiklabors wesentlich verbessert. Zudem wurde die zugrunde liegende R-Version von 1.4.1 auf 2.01 aktualisiert. Die neue Auflage berücksichtigt insbesondere die neuen Funktionalitäten und die Aktualisierung von R. Auch wenn inzwischen weitere R-Versionen veröffentlicht wurden, sind die damit einhergehenden Änderungen für den Anwender bei weitem nicht so merkbar wie der Übergang von Version 1.4.1 auf 2.01.

Berlin, im Juni 2009 *Rainer Schlittgen*

Vorwort zur ersten Auflage

Dieser Text beschreibt das Arbeiten mit dem Statistiklabor, einer interaktiven Arbeitsumgebung zur Bearbeitung statistischer Aufgaben. In erster Linie stellt sich das Labor dem Nutzer wie ein Arbeitsblatt dar, auf dem mit Hilfe statistischer Funktionen und Darstellungsmöglichkeiten Aufgaben gelöst werden können.
Das Statistiklabor ermöglicht ein objektorientiertes Arbeiten: Zentrale statistische Objekte (wie Datensatz, Matrix, Häufigkeitstabelle) können als sogenannte GUI[1]- oder Labor-Objekte aufgerufen und über Konnektoren mit ei-

---

[1] GUI ist ein Kürzel für Graphic User Interface, grafische Benutzerschnittstelle.

nem R-Kalkulator verbunden werden. Dort können statistische Berechnungen vorgenommen werden. Die Ergebnisse stellen Endresultate dar oder führen zu weiteren Auswertungsschritten bzw. grafischen Darstellungen. Auch abschließende Reports lassen sich in geeigneten Labor-Objekten auf dem Arbeitsblatt platzieren. Weitergehend können alle Grafiken, Berechnungen und Texte exportiert werden, um anspruchsvoller gestaltete Berichte zu ermöglichen.

Das Statistiklabor nutzt zur Ausführung statistischer Berechnungen und grafischer Operationen das Programmpaket R. R wird von einer weltweiten Entwickler- und Nutzergemeinschaft, dem ‚R Project for Statistical Computing' bereitgestellt und ständig weiterentwickelt. R ist aber von der Bedienung her wenig komfortabel und für Anfänger eher schwierig. Mittels der im Statistiklabor enthaltenen Schnittstelle wird nun eine grafische Oberfläche geboten, über die auf einen relevanten Teil der vielen R-Funktionen wesentlich einfacher zugriffen werden kann.

Das Statistiklabor ist Gewinner des mediendidaktischen Hochschulpreises MedidaPrix 2003. Folgende Auszüge aus der Begründung durch die Jury des MedidaPrix seien hier wiedergegeben:

> Das auf konstruktivistischen Designprinzipien basierende Projekt ‚Statistiklabor' der Freien Universität Berlin wurde als Preisträger des MedidaPrix 2003 ausgewählt, da es neue Möglichkeiten in der statistischen Grundausbildung eröffnet.
> Statt der üblicherweise vorhandenen mathematikbasierten Lehre in der Statistik ist hier ein datenorientierter Zugang gewählt worden, der es Lehrenden und Lernenden ermöglicht, mit visueller Unterstützung interaktive statistische Experimente und Auswertungen durchzuführen.
> Das System eignet sich sowohl für die Präsentation in der Lehre als auch für das individuelle Lernen. Eine standardisierte Schnittstelle ermöglicht die Einbeziehung fremder Materialien und die Erweiterung des Systems um neue Auswertungsverfahren.
> Die professionelle technische Entwicklung dieser kostenfrei verfügbaren Software eröffnet nachhaltige Nutzungsmöglichkeiten. Das Labor ist Teil des größeren Verbundvorhabens ‚Neue Statistik'[1].

Der Text ist in drei Teile gegliedert. Im ersten wird das Statistiklabor vorgestellt, insbesondere werden Anmerkungen zur Installation und zur Verwendung gemacht und es wird die Bedienung der Laborelemente erklärt. Auch wenn das Labor selbst mit einer umfangreichen Hilfe und Beschreibung ausgestattet ist, erscheint ein Überblick in dieser Form sinnvoll. Einmal kann man das Buch direkt neben den Bildschirm legen und hat so einen parallelen Zugriff. Dann werden hier etliche Punkte angesprochen und Hinweise

---

[1] Förderung erhielt das Projekt durch das Bundesministerium für Bildung und Forschung im Rahmen des Programms ‚Neue Medien in der Bildung'. Weiteres zu ‚Neue Statistik' ist unter der Internetadresse www.neuestatistik.de zu erfahren.

gegeben, die in der laboreigenen Beschreibung nicht zu finden sind. Da auch die Programmierung in R möglich ist, wird in einem eigenen Kapitel etwas weitergehend auf die Programmiersprache eingegangen.

Um die Bearbeitung von Aufgaben und die Durchführung von statistischen Auswertungen mit dem Labor zu illustrieren, werden im zweiten Teil ‚Einige Standardauswertungen' präsentiert. Alle Beispiele stehen zum Herunterladen im Internet bereit, siehe dazu das Kapitel 1. Die Anwendungen werden nicht ‚nackt' vorgestellt, sondern es wird auch der jeweilige methodische Hintergrund angegeben. So enthält dieser Teil zugleich eine knappe Zusammenfassung einer Statistik-Grundvorlesung: Deskriptive Statistik, Wahrscheinlichkeitsrechnung, Schätzen und Testen sowie die Regressionsrechnung. Als eigenständige Einführung ist die Darstellung wohl zu kurz. Hierfür sei auf meine Einführung in die Statistik (2008) verwiesen.

Im dritten Teil werden die wichtigsten Funktionen tabellarisch und in Form der R-Referenz gelistet.

Zur Gestaltung des Textes ist noch Folgendes anzumerken. Der R-Kalkulator spielt eine wesentliche Rolle beim Statistiklabor. Er kann zwei Zustände aufweisen, einen Eingabe- oder Schreibmodus und einen Rechenmodus. Um kenntlich zu machen, zu welchem Modus der angezeigte Text gehört, werden die zugehörigen Symbole, der Bleistift ✎ und das Zahnrad ⚙, verwendet. Ein- und Ausgabe sowie R-Befehle sind generell in Schreibmaschinenschrift gesetzt.

Es ist einsichtig, dass ein solches Buch nicht ohne Unterstützung von verschiedener Seite entstehen kann. Hier möchte ich den Verantwortlichen für das Statistiklabor, N. Apostolopoulos, A. Geukes und C. Grune danken. Meinen Studierenden gebührt Dank für die Bereitschaft, sich auf das Labor bis hin zur Prüfung einzulassen. Dies kann nicht gesagt werden, ohne dass ich mich auch bei den mich in der Lehre unterstützenden Tutoren und studentischen Hilfskräften bedanke. Einen ganz besonderen Dank möchte ich an Frau Stefanie Wulf richten. Sie hat mich über die ganze Entwicklungszeit des Labors bei dem Einsatz in der Lehre engagiert unterstützt, und diese Zeit war wirklich von vielen Kinderkrankheiten des Labors gezeichnet. Ihre Erfahrungen, wie die Studierenden mit dem Labor umgehen, haben an vielen Stellen ihren Niederschlag in dem Text gefunden. Zudem hat sie die verschiedenen Versionen kritisch durchgesehen und Verbesserungsvorschläge gemacht.

Inhaltsverzeichnis

Teil I Das Statistiklabor

1 Herunterladen, Installieren und Verwenden 3
    1.1 Herunterladen und Installieren 3
    1.2 Zur Verwendung 5

2 Die Oberfläche 7
    2.1 Symbolleisten 7
    2.2 Das Menü 9
    2.3 Das Arbeitsblatt 12
    2.4 Allgemeine Eigenschaften der Labor-Objekte 13

3 Eine erste Beispielauswertung 17

4 Ein- und Ausgabe 23
    4.1 Datensatzimport 23
    4.2 Copy & Paste 26
    4.3 Datenexport 26
    4.4 Bericht erstellen 26

5 Statistische Objekte 29
    5.1 Zufallszahlen 29
    5.2 Urliste 30
    5.3 Datensatz 30
    5.4 Zeitreihen 32
    5.5 Häufigkeitstabelle 33
    5.6 Kontingenztafel 34
    5.7 Grafik-Wizard 36

6 Der R-Kalkulator ... 45
6.1 Der R-Kalkulator als Taschenrechner ... 46
6.2 Der Statistik-Taschenrechner ... 48
6.3 Berechnungen im R-Kalkulator ... 53

7 Einiges zu R ... 59
7.1 Datentypen und Objekte ... 59
7.2 Operatoren und Funktionen ... 67
7.3 Weitergehende Nutzung von R ... 74

8 R-Grafik ... 77
8.1 Univariate Daten ... 78
8.2 Bivariate und höherdimensionale Daten ... 83
8.3 Ergänzen von Grafiken ... 86

9 Spezielle Aspekte des Labors ... 89
9.1 Anwenderbibliotheken und Packages ... 89
9.2 Der Musterlösungseditor ... 93
9.3 Zur R-Schnittstelle ... 96

Teil II Einige Standardauswertungen

10 Beschreibung von Daten ... 101
10.1 Univariate Daten ... 102
10.2 Bivariate Daten ... 115

11 Wahrscheinlichkeitsrechnung ... 121
11.1 Zufallsvariablen ... 122
11.2 Spezielle Verteilungen ... 125
11.3 Die Normalverteilung ... 132

12 Stichproben und Punktschätzungen ... 137
12.1 Stichproben ... 137
12.2 Schätzfunktionen ... 139

13 Tests und Konfidenzintervalle ... 147
13.1 Theoretischer Hintergrund ... 147
13.2 Anwendungen ... 150

14 Regression ... 159
14.1 Die einfache lineare Regression ... 159
14.2 Linearisieren eines Zusammenhanges ... 165
14.3 Das multiple lineare Regressionsmodell ... 167
14.4 Diagnose des Regressionsmodells ... 170
14.5 Multikollinearität ... 172

Teil III Wichtige R-Funktionen

15 Tabellarische Überblicke 177
    15.1 Mathematische Funktionen 177
    15.2 Statistische Funktionen.................................. 178
    15.3 Erzeugung und Bearbeitung von Matrizen und Vektoren...... 178
    15.4 Wahrscheinlichkeitsverteilungen 179
    15.5 Alphabetische Liste 180

16 Referenz von R-Funktionen 185

Liste typischer Auswertungen................................. 231

Literatur 233

Index 237

Teil I

Das Statistiklabor

1
Herunterladen, Installieren und Verwenden

Die zentrale Plattform für alle Statistiklabor-Nutzer ist die Webseite mit der Adresse

www.statistiklabor.de .

Dies ist die offizielle Support-Seite für das Statistiklabor, in der die aktuellen Versionen des Statistiklabors, ein Labor-Aufgabenpool mit Aufgaben und Musterlösungen zu unterschiedlichen Themengebieten, Tutorials und Benutzerbibliotheken zur Verfügung gestellt und ausgetauscht werden können.

Auf der Statistiklabor-Website ist ein spezieller Bereich eingerichtet worden, der alle in diesem Buch behandelten Beispiele, Aufgaben und Laborszenarien zum Download und Ausprobieren enthält. Zu diesem Bereich gelangt man über den Menüpunkt ‚Community'.

1.1 Herunterladen und Installieren

Nutzungsbedingungen

Die detaillierten Lizenzbedingungen des Statistiklabors sind auf der oben angegebenen Web-Adresse zu finden. Hier sei nur folgendes angemerkt:
R wird als Open Source Software unter der GNU-Public License vertrieben. Die Nutzung von R ist kostenlos, R darf unter den Bedingungen der GPL frei verteilt und verändert werden. Speziell steht für R auch der Quellcode zur Verfügung.
Das Statistiklabor unterliegt denselben Lizenzbedingungen. Insbesondere kann es für nicht-gewerbliche Zwecke kostenlos genutzt werden.

Hinweise zur Installation

Unter der oben angegebenen Adresse findet man im Downloadbereich drei Dateien zum Herunterladen:

"Setup.exe"
"SetupR_201slab_c01.exe"
"Setup_Statlab_v37.exe".[1]
Diese Dateien lädt man sich herunter und startet sie in der folgenden Reihenfolge:

Schritt 1: Ausführen von "Setup.exe".
Damit werden die Systemkomponenten aktualisiert. Nutzer von Windows XP und Windows Vista können diesen ersten Schritt überspringen. Alle anderen Windows Betriebssysteme könnten noch veraltete Systemkomponenten besitzen. Die aktualisierten Systemkomponenten werden dann bei Bedarf automatisch nachinstalliert.

Schritt 2: Ausführen von "SetupR_201slab_c01.exe".
Dies installiert das Programmpaket R für Windows in der Version 2.0.1. Das Statistiklabor nutzt dieses Paket. Es muss vor der Installation des Statistiklabors installiert werden. Es wird eine unveränderte Version von R auf dem System installiert, die auch ohne das Statistiklabor gestartet werden kann. R wird, wie im Vorwort erwähnt, kontinuierlich weiterentwickelt. Es ist daher unmöglich, stets die aktuellste Version bereit zu stellen. Z.Zt. wird die Version 2.0.1 von R mit dem Statistiklabor genutzt.

Dabei wird ein Vorschlag für das Verzeichnis gemacht. Dieser muss nicht unbedingt befolgt werden; ein Eintrag in der Registry stellt sicher, dass das im folgenden Schritt zu installierende Statistiklabor diese R-Version findet.

Schritt 3: Ausführen von "Setup_Statlab_v37.exe".
Im letzten Schritt wird durch die Ausführung dieser Datei das aktuelle Statistiklabor installiert.

Möchte man später eine andere (neuere) R-Version installieren oder hat man bereits eine installiert, so können beide Versionen parallel genutzt werden. Dazu ist lediglich zu beachten, dass die Versionen in unterschiedlichen Verzeichnissen installiert sind.

Weiteres

Wird das Labor durch Anklicken eines Icons gestartet, so erscheint zunächst das Logo, die Zitrone (stellvertretend für die Statistik) auf dem Bildschirm. Der weitere Ladevorgang kann beschleunigt werden, indem noch einmal auf dieses Logo geklickt wird.

Weiteres, insbesondere Hinweise zu Besonderheiten bei verschiedenen Windowsversionen und ggf. zu Änderungen bzgl. der Installation sind unter der angegebenen Web-Adresse im Menüpunkt ‚Installationsverzeichnis' zu finden.

---

[1] Zur Zeit der Fertigstellung dieses Buches ist die Version 3.7 aktuell. Ggf. ist sie durch eine neue Versionsnummer zu ersetzen.

1.2 Zur Verwendung[1]

Entwickelt wurde das Statistiklabor für die Unterstützung computergestützten kollaborativen Lernens in der Statistikgrundausbildung. Zu den Designprinzipien computergestützten kollaborativen Lernens gehören eine konsequente Orientierung auf den Lerner und den Lernprozess. Das heißt vor allem, dass Lernende selbst aktiv auf den Lernprozess Einfluss nehmen und handelnd und erfahrungsorientiert mit Sachverhalten umgehen können; siehe hierzu Grune & de Witt (2004).

Konzipiert und entwickelt wurde das Statistiklabor in den Jahren 1998 bis 2003 an der Freien Universität Berlin am Center für Digitale Systeme (Cedis). Zuerst wurde das Statistiklabor innerhalb des Projektes ‚Statistik *interaktiv!*' in eine multimediale Fallstudie zur Einführung in die deskriptive Statistik eingebunden. Im Rahmen des deutschlandweiten Gemeinschaftsprojektes ‚Neue Statistik' wurde das Statistiklabor als eigenständige Lernsoftware für die Statistikgrundausbildung funktional erweitert und verbessert.

Das Labor unterstützt, wie gesagt, das selbständige und aktive Arbeiten an realen Fragestellungen:

- Lernenden wird das vollständige und selbständige Bearbeiten von statistischen Fragestellungen ermöglicht. Dadurch wird der Zugang zur Statistik erleichtert.
- Lehrenden gibt das Labor einen umfangreichen Werkzeugkasten in die Hand, der flexibel an die eigenen Lehrinhalte und -strategien angepasst werden kann. Das Statistiklabor kann ergänzend zur Präsenzlehre eingesetzt und auch vollständig in kollaborative Lernszenarien eingebunden werden.

Hinweise für Lernende

Die folgenden Empfehlungen sollen helfen, schnell ein Einstieg in das Statistiklabor zu finden.

- Starten mit Musterlösungen:
  Für einen explorativen Zugang zum Statistiklabor sind gut vorbereitete Musterlösungen am besten geeignet. Neben der Hinführung an statistisches Problemlösen werden in den meisten Musterlösungen auch Hinweise zur Bearbeitung im Statistiklabor gegeben.
- Arbeiten mit wenigen Objekten:
  Erst in den weiteren Schritten sollten eigene Szenarien aufgebaut werden. Hier ist es empfehlenswert, vorerst mit wenigen Objekten zu arbeiten.
- Keine Angst vor Experimenten:
  Nachdem man sich mit den Grundfunktionen vertraut gemacht hat, sollte man anfangen zu experimentieren. Durch die Verbindung der Objekte kann man jederzeit verfolgen, wo man steht und einzelne Schritte wiederholen.

---
[1] Dieser Abschnitt wurde von A. Geukes und C. Grune verfasst.

- Hilfe und Tutorials online:
  Zum Statistiklabor stehen bereits vielfältige Beispiele und Aufgaben online zur Verfügung. Auf der Website zum Statistiklabor finden Sie Online-Tutorials, die in die Bedienung der wichtigsten Elemente des Statistiklabors einführen. Im Labor sind im Menüpunkt ‚Hilfe' verschiedene Ressourcen angegeben, die bei Schwierigkeiten weiterhelfen.

Hinweise für Lehrende

Musterlösungen werden leicht und schnell mit Hilfe eines Assistenten selbst erstellt, es sind hierzu keine besonderen Technologien erforderlich. Damit haben vor allem Lehrende ein Werkzeug in der Hand, mit dem sie Aufgabenstellungen mit hohem Interaktionsgrad bereitstellen und gleichzeitig auch die Korrektheit der Lösung sicherstellen können. Im Vergleich zu schematisierten Aufgabenstellungen (etwa Multiple Choice oder Lückentext) wird so ein deutlich höheres Niveau für eine selbst gesteuerte Wissensüberprüfung ermöglicht.

Die Funktionalität der Berichterstellung erlaubt es, alle Ergebnisse der Berechnungen und sogar alle im Labor bearbeiteten Objekte in einen Bericht aufzunehmen. Der Bericht kann um Kommentare oder Beschreibungen ergänzt werden. Damit können die Ergebnisse einer Arbeitssitzung im Statistiklabor sehr leicht ausgedruckt oder per Email verschickt werden. So ist es leicht, sich Lösungen von Lernenden zuschicken zu lassen.

2
Die Oberfläche

Die Bedienelemente des Statistiklabors sind über Symbolleisten und Menüoptionen zugänglich. Die Symbolleisten können mittels Anklicken und Ziehen der Maus bei gedrückt gehaltener linker Maustaste (drag & drop) frei auf dem Arbeitsblatt positioniert werden.

2.1 Symbolleisten

Die Objektleiste

Die Objektleiste zum Platzieren der Labor-Objekte befindet sich am linken Rand des Programmfensters. Über das Anklicken eines Icons mit anschließendem Klicken auf eine Stelle des Arbeitsblattes und dem Ziehen bei gedrückter linker Maustaste wird das entsprechende Labor-Objekt erzeugt. Es gibt eine Alternative mittels des Menüpunktes ‚Einfügen'; siehe dazu Seite 10. Im Einzelnen stehen als Labor-Objekte zur Verfügung:

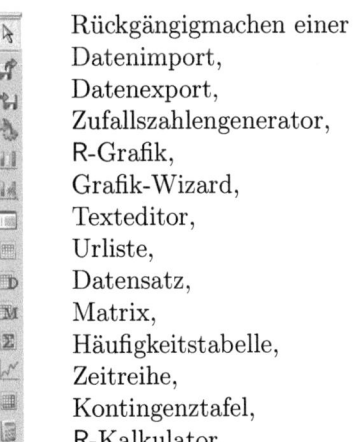

Rückgängigmachen einer getroffenen Auswahl,
Datenimport,
Datenexport,
Zufallszahlengenerator,
R-Grafik,
Grafik-Wizard,
Texteditor,
Urliste,
Datensatz,
Matrix,
Häufigkeitstabelle,
Zeitreihe,
Kontingenztafel,
R-Kalkulator.

Mit dem ganz oben angebrachten Pfeil kann die Aktivierung eines angeklickten Objektes rückgängig gemacht werden. Die Bezeichnungen der Objekte erscheinen übrigens nach kurzem Verweilen des Mauszeigers über dem Objekt unten am Bildschirmrand auf der Task-Leiste.

Die Werkzeugleiste

Die Werkzeugleiste umfasst Icons für zentrale Programmfunktionen:

Erstellen eines neuen Laborprojektes, Öffnen und Speichern von Laborprojekten, per Email verschicken, Ausschneiden, Kopieren und Einfügen von markierten Teilen, Löschen von Labor-Objekten, Aufruf der Eigenschaften des gerade aktiven Objektes. Auch der Assistent kann über diese Symbolleiste aufgerufen werden. Dieser eröffnet einen generellen Zugang zur Hilfe, eine Einführung, eine Beschreibung der Laborobjekte und eine Darstellung des Arbeitens mit dem Labor. Wie unter Windows üblich, wird er mittels Anklicken des Kreuzes oben rechts wieder geschlossen. Der letzte Button erlaubt das Einfügen von Grafiken in Texteditor-Objekte.

Die Einstellungsleisten

Die Einstellungsleisten sind an die jeweiligen Laborobjekte gebunden; es wird nur die Einstellungsleiste des momentan aktivierten Objektes angezeigt. Die Funktionen, die über diese Leiste getätigt werden können, sind von Objekt zu Objekt unterschiedlich:

Objekt	Funktionalität der Objektleiste
Datensatzimport	Anzeige des Dateinamens, Daten neu laden
Datensatzexport	Anzeige des Dateinamens, Daten neu speichern
Zufallszahlengenerator	Auswahl der zugrunde liegenden Verteilung, Zeilen- und Spaltenanzahl, Neue Daten erzeugen
R-Grafik	-
Grafik-Wizard	-
Texteditor	Textformatierung, Objektbezeichnung, Wechsel des Bearbeitungsmodus
Urliste	Textformatierung
Datensatz	Textformatierung
Matrix	Textformatierung
Häufigkeitstabelle	Textformatierung
Zeitreihe	Textformatierung
Kontingenztafel	Textformatierung
R-Kalkulator	Textformatierung, Objektbezeichnung, Wechsel des Bearbeitungsmodus

Die Textformatierungsleiste hat folgendes Aussehen:

Sie ermöglicht speziell: Ändern von Schrifttyp und -größe, Auswahl von Fettdruck, kursiver und unterstrichener Schrift, der Textfarbe, der Hintergrundfarbe sowie die Ausrichtung des Textes (linksbündig, zentriert, rechtsbündig).

Projektleiste

Diese Leiste umfasst Icons, mit denen vorhandene Labor-Objekte zentral gesteuert werden können:

Hier werden ermöglicht: Wahl der Hintergrundfarbe, Wechseln in den Berechnungsmodus für alle Texteditor- und R-Kalkulator-Objekte auf dem Arbeitsblatt, Unterbrechen der Programmausführung, Wechseln in den Bearbeitungsmodus.
Zudem wird über diese Leiste der Aufruf der Musterlösungen und der zugehörigen Schritte realisiert, sofern ein entsprechend vorbereitetes Laborprojekt geladen wurde. Hierzu sei auf das Kapitel 9.2 verwiesen.

Statusleiste

Die Statusleiste erscheint am unteren Bildschirmrand und dient während der gesamten Programmausführung zur Ausgabe von Warn- und Informationstexten.

2.2 Das Menü

Die verschiedenen Menüpunkte werden im Folgenden einzeln angesprochen.

Datei

Mittels der zugehörigen Unterpunkte können neue Laborprojekte angefordert werden. Dann wird das aktuelle Arbeitsblatt ersetzt. (Natürlich erst nach der Absicherung, ob das aktuelle Arbeitsblatt gesichert werden soll.) Es können vorhandene Projekte geöffnet und gespeichert werden. Arbeitsblätter werden in einem eigenen Format, nämlich als ‚spf'-Dateien gespeichert. Das gesamte Laborprojekt kann über die Option ‚Bericht erstellen' im Format ‚RTF' gespeichert werden. Es steht damit auch für weitere Bearbeitungen in einem Textverarbeitungsprogramm, wie z.B. Word, zur Verfügung. Es können Laborprojekte über den Standard-Email-Client verschickt werden und das Programm beendet werden. Eine Liste zeigt die zuletzt geöffneten Laborprojekte an.

Bearbeiten

Hier werden für einzelne Labor-Objekte die Optionen ‚Kopieren', ‚Ausschneiden' und ‚Einfügen' angeboten. Die Einträge sind nur aktiv, wenn die entsprechende Funktion auch verfügbar ist.

Projekt

In diesem Menüpunkt sind einige zentrale Optionen und Möglichkeiten anwählbar.
Über den Menüeintrag ‚Schriftformatierung' können Formatierungseinstellungen für alle Labor-Objekte eines Laborprojektes definiert werden.
Neben den standardmäßig zur Verfügung stehenden Funktionen gibt es weitere, die in *Packages* oder *Bibliotheken* themenspezifisch zusammengefasst sind. ‚R-Package laden' erlaubt, alle in der Distribution mitgelieferten offiziell unterstützten R-Packages (bzw. R-Libraries) zu laden oder später die Ladung rückgängig zu machen. Verfügbare Packages werden im rechten Fenster angezeigt, alle geladenen Packages im linken Fenster. Die hier vorgenommenen Einstellungen stehen auch weiterhin bei jedem Start des Labors zur Verfügung. Die Einstellungen der geladenen Packages werden ebenfalls mit den Laborprojekten gespeichert. Damit ist sichergestellt, dass bei einem Austausch von Laborprojekten auch die benötigten Packages verfügbar sind.
Entsprechend erlaubt der Menüpunkt ‚User Bibliotheken laden' von Anwendern geschriebene Labor-Bibliotheken, auch ‚UserLibs' genannt, einzubinden. Dabei werden einige Bibliotheken mitgeliefert, siehe das Kapitel 9.1. Es ist auch möglich, Bibliotheken später hinzuzufügen oder geladene wieder abzukoppeln.
Sofern das geladene Arbeitsblatt eine vorbereitete Aufgabe mit Lösungshinweisen ist, kann mit ‚Musterlösungen bearbeiten' auf die Lösungshinweise zugegriffen werden, etwa um Änderungen vorzunehmen.
‚Einstellungen Webleiste' ist der letzte Punkt in diesem Menü. Hier lassen sich Links setzen, auf die man vom Labor aus häufiger zugreifen möchte, etwa auf www.statistiklabor.de oder auf www.neuestatistik.de. Insbesondere können darüber auch Referenzen zu Labordateien angegeben werden. Ist ein solcher Link aktiviert, so erscheint unter der Menüleiste ein entsprechendes Symbol mit dem Namen der Referenz:

Einfügen

Dieser Punkt bietet neben der Objektleiste die zweite Möglichkeit, Labor-Objekte auf einem Arbeitsplatz zu positionieren. Ein Linksklick auf ‚Einfügen'

2.2 Das Menü

lässt eine Liste der Labor-Objekte aufklappen. Nach einem weiteren Linksklick auf das gewünschte Objekt kann das Objekt wieder durch Klicken auf eine freie Stelle des Arbeitsblattes und Ziehen der Maus bei gedrückt gehaltener Taste aufgezogen werden.

Ansicht

Hier können die verschiedenen Leisten ein- bzw. ausgeblendet werden.

Hilfe

Über die Hilfe ist einmal die textuelle Labor-Hilfe im kompilierten HTML-Format zugängig. In der Hilfe werden die Objekte und das Arbeiten mit ihnen erklärt.

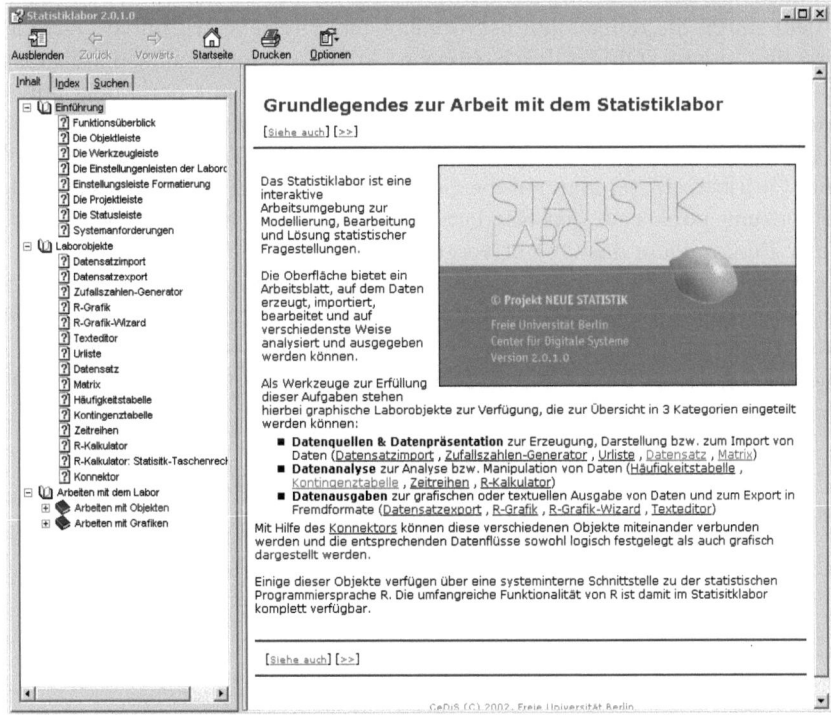

Abbildung 2.1. Die erste Seite des Hilfe-Assistenten

Zudem kann eine (englischsprachige) Einführung in R sowie die R-Reference, die Liste aller R-Befehle, aufgerufen werden. Da dies PDF-Dateien sind, muss

hierfür der Acrobat Reader installiert sein. Er ist frei aus dem Internet herunterladbar.
Online steht auch ein anschauenswertes Einführungstutorial zur Verfügung.

2.3 Das Arbeitsblatt

Die zentralen statistischen Funktionalitäten sind über Objekte organisiert. Dabei gelten jeweils die folgenden allgemeinen Prinzipien zum Arbeiten mit den Objekten auf einem Arbeitsblatt.
Zur *Erzeugung von Objekten* wird das gewünschte Objekt auf der Objektleiste (oder unter Einstellungen auf der Menüleiste) mit der linken Maustaste angeklickt; dann wird die Maus auf das Arbeitsblatt geführt und an einer beliebigen freien Stelle wieder die linke Maustaste gedrückt. Nun wird bei gedrückt gehaltener Taste die Maus etwas gezogen. Schon ist das Objekt platziert.
Befinden sich mehrere Objekte auf dem Arbeitsblatt, so ist das gerade aktive Objekt durch die dunkelblau hervorgehobene Titelzeile erkennbar. Aktiviert wird ein (anderes) Objekt durch einfaches Anklicken mit der linken Maustaste. Ein aktiviertes Objekt lässt sich verschieben, indem mit der Maus auf die Titelzeile gegangen wird. Dann bewegt sich das Objekt dahin, wohin man es bei heruntergedrückter linker Maustaste zieht. Zur Veränderung der Größe eines Objektes startet man auf die gleiche Weise. Durch das Anklicken werden Begrenzungspunkte an den Rändern und Ecken sichtbar. Durch Verschieben dieser Punkte kann das Objekt vergrößert bzw. verkleinert werden.
Die *Verbindung von Objekten* geschieht mittels *Konnektoren*. Rechts unten am Objekt ist der Ausgang (kleine Spitze), links oben der Eingang (kleine Spitze zum Objekt hin). Zur Herstellung einer Verbindung wird der Mauszeiger zu einem Ausgang geführt; mit gedrückter linker Maustaste wird er dann zum

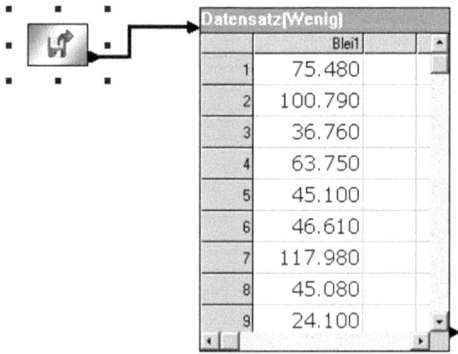

Abbildung 2.2. Labor-Objekt Datensatzimport mit angehängtem Datensatz

2.4 Allgemeine Eigenschaften der Labor-Objekte

Eingang des anzudockenden Objektes geführt. Dort kann die Maustaste dann losgelassen werden. Nun sollte der Konnektor als schwarze Linie sichtbar sein. Die Verbindungsmöglichkeit ist wesentlich, um etwa die Daten eines Datensatzes zur Berechnung im R-Kalkulator zur Verfügung zu stellen. Gelöscht oder deaktiviert werden Verbindungen, indem die Maus an der entsprechenden Verbindung platziert wird und die rechte Maustaste gedrückt wird. Dies eröffnet diese beiden Auswahlmöglichkeiten. In der Regel werden Änderungen im Ausgangsobjekt gleich an das angedockte Objekt durchgereicht. Nur in einigen Fällen geschieht dies nicht; das hat dann mit den Einstellungen des Zielobjektes zu tun, vgl. dazu das Kapitel 5.3.

Abgespeichert werden Arbeitsblätter schließlich als Laborprojekte (Dateien mit der Dateierweiterung spf).

2.4 Allgemeine Eigenschaften der Labor-Objekte

Alle Objekte

Für alle Labor-Objekte gilt, dass über ihr Kontextmenü eine Möglichkeit zu erreichen ist, ‚Eigenschaften' bzw. ‚Einstellungen' des jeweiligen Labor-Objektes auszuwählen. Das Kontextmenü wird geöffnet, indem das Objekt mit der rechten Maustaste angeklickt wird. Sofern die Wahlmöglichkeit besteht, muss es sich dazu allerdings im Schreibmodus befinden, d.h. der Bleistift oben rechts muss gedrückt sein. Für einige Labor-Objekte können spezifische Formatierungseinstellungen auch über zusätzliche Leisten vorgenommen werden, die kontextabhängig erscheinen.

Abbildung 2.3. Kontextmenü des Labor-Objektes Datensatzimport

Sind auf einem Arbeitsblatt mehrere Objekte aufgezogen, so spielt deren Größe eine Rolle, vor allem wenn das Arbeitsblatt gespeichert und später - eventuell von einem anderen Nutzer - wieder geöffnet wird. Denn dann kann es passieren, dass einige Objekte auf dem Arbeitsblatt nicht sichtbar werden. Dies tritt besonders häufig auf, wenn unterschiedliche Bildschirmauflösungen genutzt werden. Eine Möglichkeit, sich dagegen zu wappnen, besteht darin, zumindest für einige Objekte über ihr Kontextmenü oder über die Taste F6 die *Symboldarstellung* einzustellen. Damit werden die Objekte verkleinert, sie erscheinen nur noch als Icons. So können die weniger bedeutsamen Objekte aus dem Blickfeld genommen und eine Überlappung von Objekten vermieden werden.

Das Löschen eines Objektes kann ebenfalls über sein Kontextmenü erfolgen.

Texteditor und R-Kalkulator

Die beiden Objekte ‚Texteditor' und ‚R-Kalkulator' haben beide zwei Zustandsmöglichkeiten, den Schreibmodus und den Rechenmodus. Bei beiden zeigt die Kopfleiste oben rechts die Symbole eines Zahnrädchens und eines Bleistiftes. Der mittels eines Linksklicks gedrückte Modus ist aktiviert:

- Bleistift ✏: Schreibmodus; jetzt ist das Feld für Eingaben bereit.
- Zahnrad ⚙: Rechenmodus; eingegebene Befehle werden bzw. wurden ausgeführt.

Die *Texteditor-Objekte* dienen dazu, Aufgabenstellungen gleich auf der Laborseite zu platzieren, ggf. Datenbeschreibungen zu ermöglichen und vor allem Ergebnisse zu kommentieren. Die Möglichkeiten sind nicht zu umfangreich, reichen aber für die gedachten Zwecke sicherlich aus. Weitere textuelle Bearbeitung ist nach der die Speicherung mittels ‚Bericht erstellen' im ‚RTF'-Format leicht möglich, vgl. 26. Zudem können in Texteditor-Objekten Grafiken vom Typ GIF, BMP, JPG, JPEG, TIF und PCX eingebunden werden. Dazu muß bei aktiviertem Texteditor auf den entsprechenden Button der Werkzeugleiste geklickt werden, vgl. 8. Den ‚Zeilenumbruch' im Kontextmenü einzuschalten, ist in der Regel günstig, insbesondere wenn längerer Text eingegeben wird.

Wie bereits erwähnt verfügen auch die Texteditor-Objekte über einen Schreib- und Rechenmodus. Tatsächlich kann mittels `@(funktion)` auf Funktionen zugegriffen werden. So zeigt `@(print(1+1))` im Rechenmodus den Wert 2. Diese Möglichkeit ist insbesondere dann von Nutzen, wenn Ergebnisse aus vorgeschalteten R-Kalkulatoren übernommen werden sollen.

Wie auf Seite 8 angegeben wurde, können über das Anklicken des Button ‚Abbildung in das Dokument einfügen' Abbildungen in Texteditor-Objekte eingefügt werden.

Verbindung von Objekten

Es ist nicht möglich, jedes Objekt mit jedem zu verbinden. Es hat sich aber gezeigt, dass nicht alle von den möglichen Verbindungen empfehlenswert sind.

2.4 Allgemeine Eigenschaften der Labor-Objekte

Manche führen eher zu Fehlern, da die (übliche) Vorstellung dessen, was man haben möchte, nur unter zusätzlichen Maßnahmen zu erreichen ist. Die folgende Tabelle gibt einen Überblick über mögliche Verbindungen; dabei werden nur die empfehlenswerten Verbindungsmöglichkeiten aufgeführt.

Tabelle 2.1: Verbindungsmöglichkeiten der Labor-Objekte

Ausgangsobjekt	Objekt	Zielobjekt
-	Datensatzimport	Datensatz
Urliste, Datensatz	Datensatzexport	-
-	Zufallszahlengenerator	R-Kalkulator, Datensatz, Häufigkeitstabelle, Matrix
R-Kalkulator	R-Grafik	-
Urliste, Zufallszahlen, Datensatz, Matrix, Zeitreihe, R-Kalkulator	Grafik-Wizard	-
Datensatzimport, Zufallszahlengenerator, Datensatz, Matrix, Zeitreihe, Kontingenztafel, R-Kalkulator	Texteditor	-
-	Urliste	Datensatz, R-Kalkulator, Häufigkeitstabelle, Grafik-Wizard
Datensatzimport, Zufallszahlengenerator, Datensatz, Matrix, Zeitreihe, R-Kalkulator	Datensatz	Datensatzexport, R-Kalkulator, Häufigkeitstabelle, Grafik-Wizard, Matrix, Kontingenztafel
Datensatz	Matrix	Datensatz
Datensatz	Häufigkeitstabelle	Matrix, R-Kalkulator
Zufallszahlengenerator, Matrix, Datensatz, Zeitreihe, R-Kalkulator	Zeitreihe	Zeitreihe, R-Kalkulator
R-Kalkulator	Kontingenztafel	Matrix, R-Kalkulator
Zufallszahlengenerator, Urliste, Datensatz, Matrix, Kontingenztafel, Zeitreihe, R-Kalkulator	R-Kalkulator	R-Grafik, Grafik-Wizard, Texteditor, Datensatz, Matrix, Häufigkeitstabelle, Zeitreihe, R-Kalkulator

Da zur Erstellung einer R-Grafik geeignete R-Befehle nötig sind, gibt es nur die eine angegebene Verbindung. Soll andererseits mit dem Grafik-Wizard eine Grafik erstellt werden, bei der die Originaldaten verwendet werden, so ist anzuraten, den Grafik-Wizard direkt an den Datensatz anzudocken. Ist etwa eine Häufigkeitstabelle zwischengeschaltet, so kann es zu einer fehlerhaften Darstellung kommen.

Der Texteditor hat auch einen Ausgang; damit können Objekte wie Datensätze durchgereicht werden. Aller Erfahrung nach ist diese Option jedoch ohne praktischen Nutzen.

3
Eine erste Beispielauswertung

Nachdem im ersten Kapitel die Oberfläche vorgestellt wurde, soll anhand einer ersten Beispielauswertung ein Eindruck vermittelt werden, wie sich das Arbeiten mit dem Labor gestaltet. Anschließend wird mit der systematischen Beschreibung des Statistiklabors fortgefahren.

Die Ausgangssituation

Korporale Belastungen der Allgemeinbevölkerung durch Blei ergeben sich über unterschiedliche Belastungspfade, über luftgetragene Partikel, belastete Nahrungsmittel und Trinkwasser. Der Bleigehalt im Blut gilt im A llgemeinen als der beste Indikator zur Ermittlung einer aktuellen Bleibelastung.
Im Rahmen eines umfangreichen Umwelt-Surveys wurde verschiedenen Belastungspfaden nachgespürt, siehe Krause et al. (1996). Unter anderem wurde der Konsum von Milchprodukten analysiert. Dazu wurden die Personen in zwei Gruppen eingeteilt; solche, die weniger häufig Milchprodukte konsumierten und solche, die es häufig taten. Zwei Stichproben aus Verteilungen, die den berichteten entsprechen, stehen zur Verfügung; sie haben den Umfang von jeweils 100 Werten.

Einlesen der Daten

Als erstes müssen die Daten eingelesen werden. Nach entsprechender Vorbereitung der ASCII-Dateien geschieht dies, indem ein Datensatzimport-Objekt auf dem Arbeitsblatt platziert wird. Im Kontextmenü wird die Datei Blei1.txt ausgewählt und geladen, siehe die Abbildung 2.3.
Dann wird ein Datensatz-Objekt an das Import-Objekt angehängt; damit kann man die geladenen Daten sehen, auch stehen damit alle Auswertungsmöglichkeiten zur Verfügung. Das Datensatz-Objekt hat dann dynamisch den entsprechenden Inhalt bekommen, die Variable ‚Blei1' mit 100 Beobachtungen. Dies sind die Werte der Personen, die weniger häufig Milchprodukte konsumieren. Dies ist in der Abbildung 2.2 dargestellt.

In der gleichen Weise wird mit dem zweiten Datensatz verfahren. Somit sind nun auf dem Arbeitsblatt vier Objekte platziert.

Betrachtung der Daten

Vor einer weitergehenden Auswertung sollte man sich die Daten anschauen. Dabei ist die Betrachtung der Original- oder Rohdaten nicht sehr ergiebig. Eine bessere Übersicht geben Häufigkeitstabellen und geeignete Grafiken wie etwa Histogramme und Box-Plots.
Um für einen Datensatz eine Häufigkeitstabelle zu erhalten, wird das Objekt Häufigkeitstabelle an den Datensatz angehängt. Ist dies geschehen, so wird die Häufigkeitstabelle gleich mit den Realisationen, den absoluten und relativen sowie den kumulierten Häufigkeiten gefüllt. Da die Werte Realisationen einer stetigen Variablen sind, gibt es kaum gleiche Werte, die absoluten Häufigkeiten sind fast alle eins. Folglich sollten die Daten klassiert werden. Dazu wird mit der rechten Maustaste die Häufigkeitstabelle angeklickt; dies öffnet das Einstellungsmenü. Im Punkt ‚Klassierung' kann ‚Klassierung durchführen' angeklickt werden. Bei 100 Beobachtungen ist die Wahl von 20 Klassen sinnvoll.

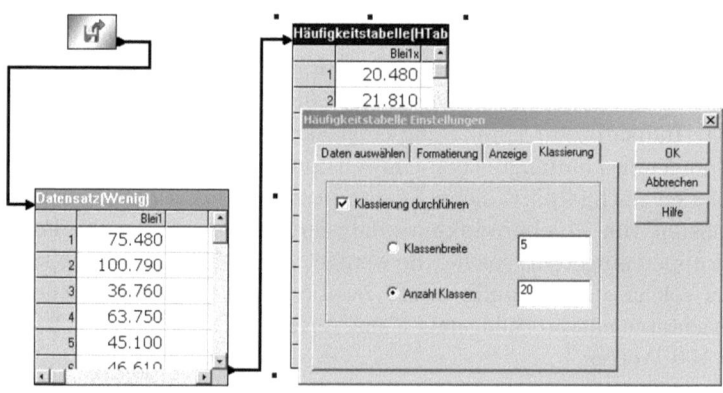

Abbildung 3.1. Kontextmenü Häufigkeitstabelle

Das Vorgehen wird für beide Datensätze durchgeführt. Die Gegenüberstellung der Häufigkeitstabellen zeigt, dass Personen, die häufiger Milch trinken, weniger durch Blei belastet sind. Intuitiver sind jedoch Vergleiche mittels Diagrammen. Die Diagramme für die Datensätze erhält man, indem an sie ein Grafik-Wizard angehängt wird. Dabei werden beide Datensätze mit demselben Grafik-Wizard verbunden, damit eine einzelne Grafik erstellt werden kann. Danach wird sein Kontextmenü durch Anklicken mit der rechten Maustaste geöffnet. Im Punkt Einstellungen wird durch Anklicken von ‚Re-

3. Eine erste Beispielauswertung

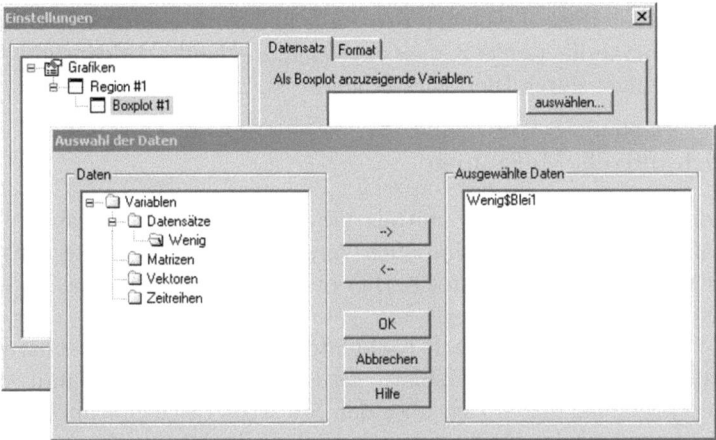

Abbildung 3.2. Kontextmenü Grafik-Wizard

gion #1' eine Auswahlmöglichkeit der verschiedenen Grafik-Typen gegeben. Ein Doppelklick auf das Box-Plot-Symbol öffnet ein Menü, in dem vor allem der Button auswählen... interessiert. In dem darüber erreichten Auswahlmenü gibt es die Möglichkeit, an die beiden Datensätze heranzukommen und die darin enthaltenen Variablen auszuwählen. Sie erscheinen hier – einer R-Konvention entsprechend – in der Form Wenig$Blei1 bzw. Haeufig$Blei2; der Teil vor dem ‚$'-Zeichen stellt die Bezeichnung des Datensatzes dar, der danach die Variablenbezeichnung.
Durch die Betätigung des Inklusionspfeils in der Mitte werden die Variablen ausgewählt. Mit zweimaligem OK wird die Erstellung der Grafik abgeschlossen.

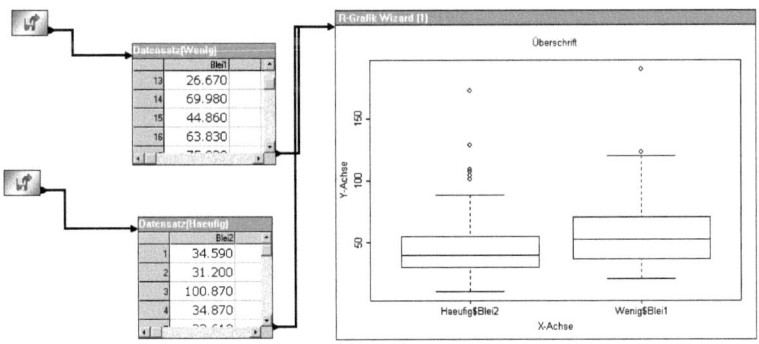

Abbildung 3.3. Box-Plots der Bleibelastung bei zwei Gruppen von Personen

Die Gegenüberstellung der beiden Box-Plots in der Abbildung 3.3 veranschaulicht noch einmal die Tendenz, dass Personen, die häufig Milchprodukte konsumieren, weniger durch Blei belastet sind.

Vergleich mittels Maßzahlen

Neben der Gegenüberstellung mittels tabellarischer Häufigkeitsverteilungen und Grafiken wie Box-Plots sind auch Vergleiche der Datensätze anhand geeigneter Maßzahlen aufschlussreich. Hier bieten sich arithmetische Mittel, Mediane und Standardabweichungen an.

Um sie zu ermitteln, wird ein R-Kalkulator benötigt. Nach Platzierung des R-Kalkulators auf dem Arbeitsblatt werden die Datensätze damit verbunden. Die Maßzahlen lassen sich über den Statistik-Taschenrechner erreichen. Dieser befindet sich im Kontext-Menü des R-Kalkulators; also hat man den R-Kalkulator mit der rechten Maustaste anzuklicken. Im oberen Feld des Taschenrechners können die Variablen ausgewählt werden, im unteren sind unter R-Funktionen die wichtigsten Maßzahlen der Standardbibliothek enthalten, siehe die Abbildung 6.3.

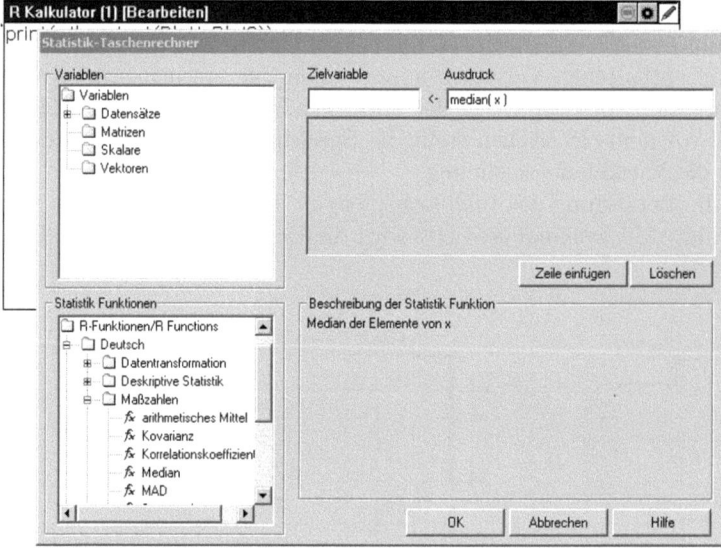

Abbildung 3.4. Der Statistik-Taschenrechner

Dort kann man die Maßzahlen aussuchen; sie werden im oberen Fenster eingefügt, wenn sie doppelgeklickt werden. Zunächst erscheint als Argument ein x. Markiert man dieses und klickt dann auf eine Variable aus dem oberen Fenster des Taschenrechners, so wird das x durch den Variablennamen ersetzt.

3. Eine erste Beispielauswertung

Die Betätigung des Button ⎡Zeile einfügen⎤ bringt den Befehl in das graue Textfeld. Auf diesem Weg können alle Maßzahlen zusammengestellt werden. Abschließendes ⎡OK⎤ bringt einen zurück zum R-Kalkulator, der nun die entsprechenden Befehlszeilen aufweist. Kennt man die Befehle nach ein paar Sitzungen, so können diese Befehlszeilen natürlich auch direkt eingegeben werden. Zudem sind die Befehlszeilen noch durch die Anforderung von `print` zu ergänzen. Andernfalls sieht man nach der Betätigung des Zahnrädchens oben rechts am R-Kalkulator nichts als die Meldung `Berechnung beendet....`
Für die Mediane erhält man:

```
print(median(Blei1))
print(median(Blei2))
```

```
[1] 52.43
[1] 39.14
```

Die Ausgabe kann verschönert werden, indem die Berechnungsergebnisse an ein Texteditor-Objekt weitergereicht und dort mit Erklärung ausgegeben werden. Dazu werden die Mediane als erstes Variablen zugeordnet; dies geschieht mit dem Zuordnungspfeil <-, der aus dem Kleiner- und dem Minuszeichen zusammengesetzt wird:

```
m1<-median(Blei1)
m2<-median(Blei2)
```

Im angehängten Texteditor-Objekt lautet dann die entsprechende Eingabe:

```
Der Median der weniger Milch Trinkenden beträgt:
@(print(m1))
Der Median der häufiger Milch Trinkenden beträgt:
@(print(m2))
```

Drücken des Zahnrädchens am Texteditor-Objekt ergibt:

```
Der Median der weniger Milch Trinkenden beträgt: [1] 52.43

Der Median der häufiger Milch Trinkenden beträgt: [1] 39.14
```

Zum Abschluss werden die Ergebnisse noch in einem Bericht zusammengefasst. Das mit der Möglichkeit ‚Bericht erstellen' erzeugte Ergebnis ist in der Abbildung 3.5 wiedergegeben.

Statistik-Labor Projekt: Blei im Blut

Im Rahmen des Projektes wurde die Belastung durch Blei anhand der Werte von Blei im Blut untersucht. Es wurden zwei Gruppen von jeweils 100 Personen betrachtet. Die eine bestand aus weniger häufig Milchprodukte konsumierenden Personen, die zweite aus Personen, die es häufig taten.

Der Vergleich anhand der Mediane zeigt ein deutlich geringeres Belastungsniveau bei der Gruppe der häufiger Milchprodukte konsumierenden Personen:

Der Median der weniger Milchprodukte Konsumierenden beträgt 52.43, der der häufiger Milchprodukte Trinkenden beträgt 39.14.

Die Gegenüberstellung der Boox-Plots zeigt weiter, dass die Gruppe der häufiger Milchprodukte Konsumierenden zwar eine generelle Tendenz zu geringeren Werten haben als die andere Gruppe. Zu dieser Gruppe gehören jedoch auch einige recht stark belastete Personen. Der Konsum von Milchprodukten allein kann die Höhe des Bleis im Blut offenbar nicht erklären.

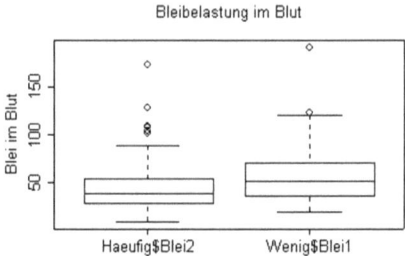

Abbildung 3.5. Der Bericht

4
Ein- und Ausgabe

Das Erzeugen von Daten kann auf vielfältige Weise geschehen. Das Objekt Urliste dient zur manuellen Eingabe eines Datensatzes. Alle hier eingetragenen Werte werden als Vektor repräsentiert. Auch kann man ein Datensatz-Objekt öffnen und darin neue Daten ‚per Hand' eingeben. Mit dem Zufallszahlengenerator können Folgen von ‚künstlichen' Beobachtungen erzeugt werden, die vorgegebene Eigenschaften haben. Hier stehen verschiedene Verteilungen zur Verfügung. Letztlich gibt es zahlreiche Funktionen, mit denen im R-Kalkulator Folgen von Beobachtungen erzeugt oder auch vorliegende modifiziert werden können.

Zur Erzeugung von Vektoren und Variablen mittels der im R-Kalkulator vorhandenen Funktionen sei auf das Kapitel 6 verwiesen.

4.1 Datensatzimport

Die Welt ist nicht so einheitlich und bequem, dass Daten stets gleich als Datensatz auf einer Laborseite zur Verfügung stünden. Sie liegen oft in anderen Formaten vor und müssen erst in einen Datensatz importiert werden. Der Datensatzimport erlaubt es, Daten einzulesen, die in folgenden Formaten vorliegen:

Tabelle 4.1. Dateitypen des Datensatzimport-Objektes

Typ	Endung	Typ	Endung	Typ	Endung	Typ	Endung
Excel	*.xls	ASCII	*txt	SPSS	*.sav	SAS XPort	*.xpt
DBase	*.dbf	CSV	*.csv	Epiinfo	*.rec	Stata	*.dta

Für einen Import ist zuerst einmal das Labor-Objekt ‚Datensatzimport' auf dem Arbeitsblatt zu platzieren und mit einem Datensatz-Objekt zu verbinden. Per rechtem Mausklick wird das Einstellungsmenü geöffnet, in dem die gewünschte Datei angegeben werden kann.

Um Excel-Dateien korrekt zu importieren, müssen sie für den Import vorbereitet sein. Hierzu sind gegebenenfalls zusätzlich Spalten- und Zeilenbezeichnungen anzufügen.

Die erste Zelle (A1) muss einen Eintrag, vorzugsweise ‚row_no' oder ‚Nr', enthalten. (Dabei darf Nr nicht mit einem Punkt versehen sein; Nr. würde zu einer Fehlermeldung führen.) Im Weiteren müssen in der ersten Zeile entweder die Bezeichnungen der Variablen angegeben sein, oder sie muss frei gelassen werden. Jedenfalls erscheinen die Eintragungen der ersten Zeile nicht als valide Daten. Die erste Spalte (A) ist ab Zeile 2 frei oder enthält die Objektbezeichnungen. Diese werden zur Bezeichnung der Zeilen am linken Rand des Datensatzes verwendet. Steht in der Excel-Datei in der ersten Spalte eine Variable, so gibt es keinen Zugriff auf die zugehörigen Werte.

Alle einzulesenden Zellen einer Spalte müssen vom gleichen Typ sein. So können alle Eintragungen einer Spalte ‚Zahlen' sein oder mit der Buchstabenkombination NA bezeichnete fehlende Werte darstellen. Treten alternativ in einer Spalte Buchstaben oder Sonderzeichen auf, so werden die Eintragungen als Zeichenketten interpretiert. Eine Mischung von Zahlen und Zeichenketten in einer Spalte ist nicht möglich. Kommata als Dezimalzeichen werden allerdings automatisch in die unter R allein gültigen Dezimalpunkte verwandelt.

Ansonsten erleichtert es das Leben, wenn der Dateiname möglichst einfach gewählt wird (nur Buchstaben ohne Leerzeichen und ohne Sonderzeichen).

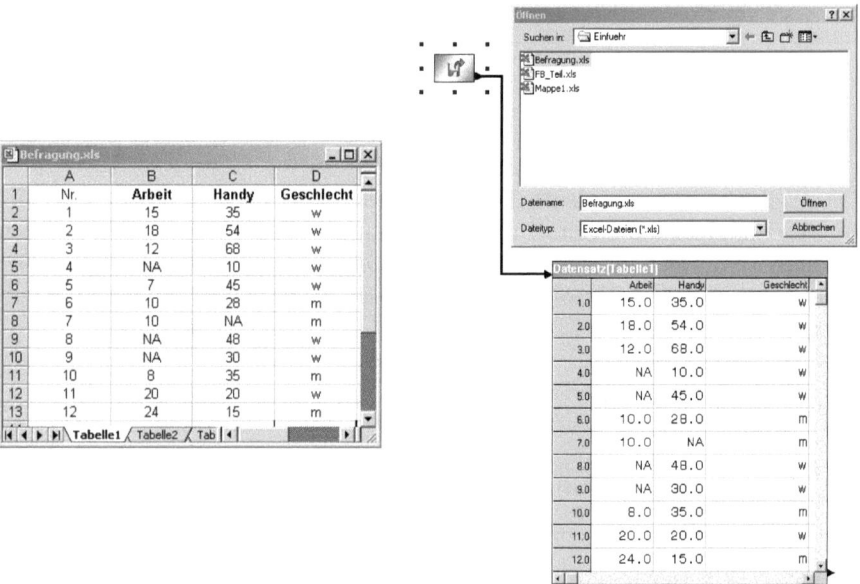

Abbildung 4.1. Datenimport aus Excel

4.1 Datensatzimport

Bei ASCII-Dateien ist zu beachten, dass ein aus drei Zeilen bestehender Vorspann benötigt wird. Zudem sind die Einträge durch Semikola voneinander zu trennen. Die Dateierweiterung muss `txt` lauten; eine solche `txt`-Datei kann folgendermaßen strukturiert sein:

```
data_frame Anscombe
row:
column: X1    Y1 Y2 Y3 X2 Y4
10;  8.040; 9.140;  7.460;  8;  6.580;
 8;  6.950; 8.140;  6.770;  8;  5.760;
13;  7.580; 8.740; 12.740;  8;  7.710;
 9;  8.810; 8.770;  7.110;  8;  8.840;
11;  8.330; 9.260;  7.810;  8;  8.470;
14;  9.960; 8.100;  8.840;  8;  7.040;
 6;  7.240; 6.130;  6.080;  8;  5.250;
 4;  4.260; 3.100;  5.390;  8;  5.560;
12; 10.840; 9.130;  8.150;  8;  7.910;
 7;  4.820; 7.260;  6.420;  8;  6.890;
 5;  5.680; 4.740;  5.730; 19; 12.500;
```

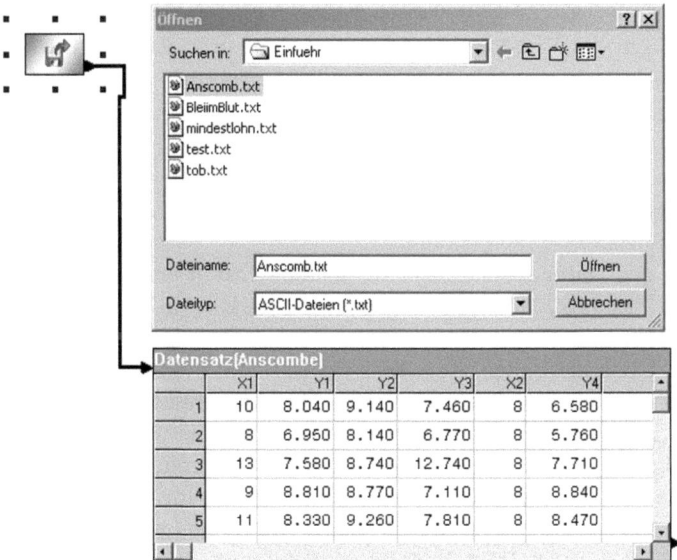

Abbildung 4.2. Einlesen einer ASCII-Datei

Die Daten stammen aus Anscombe (1973). Die Angaben zu `column` können wie die zu `row` entfallen. Dann werden die Variablen gemäß der Voreinstellung

als Var0, Var1, usw. bezeichnet; die Zeilen werden einfach durchnummeriert. Die Aufführung von ‚`row:`' und ‚`column:`' ist aber unverzichtbar!
Wie hier sind als Dezimalzeichen ausschließlich Dezimalpunkte zugelassen. Kommata gelten als Sonderzeichen und führen zu der Interpretation der Eingabe als Zeichenkette.

4.2 Copy & Paste

Eine sehr pragmatische Form, Daten in eine Urliste oder ein Datensatz-Objekt zu bekommen, besteht in der Nutzung der Windows-Zwischenablage. Zu beachten ist hier, dass im Statistiklabor wie erwähnt stets der Dezimalpunkt gilt! Wird, etwa aus Excel, eine Spalte mit (Dezimal-) Kommata kopiert, so stellen die eingefügten Daten Zeichenketten dar. Das erkennt man beispielsweise daran, dass beim Anzeigen die Werte in Anführungsstrichen ausgegeben werden.
In ein Datensatz-Objekt, das auf dem Arbeitsblatt geöffnet ist, kann aus einer anderen Anwendung ein Datensatz spaltenweise eingefügt werden. Dabei muss in der ursprünglichen Anwendung eine spaltenweise Markierung natürlich möglich sein. Dies geht z.B. in Excel, bei Word-Tabellen und in verschiedenen Text-Editoren wie Ultra-Edit.
Ist die gewünschte Spalte markiert, wird sie mittels der Tastenkombination ⌜Strg⌝+⌜C⌝ in die Windows-Zwischenablage kopiert. Zum Einfügen im geöffneten Objekt ist dann einfach das erste Feld anzuklicken und über die Tastenkombination ⌜Strg⌝+⌜V⌝ der Datensatz aus der Zwischenablage einzufügen.

4.3 Datenexport

Mit Hilfe des Datenexport-Objektes können Daten aus den Labor-Objekten Datensatz, Matrix, Häufigkeitstabelle und Urliste in MS-Excel- oder auch Textdateien exportiert werden. Dabei werden Dateien mit den unter Datensatzimport beschriebenen Standards erzeugt.
Es werden grundsätzlich alle in einem Objekt enthaltenen Datensätze bzw. Matrizen exportiert. In den Textdateien werden die Matrizen untereinander geschrieben. In Excel wird für jedes Matrizenobjekt eine neue Tabelle erzeugt. Sollen die via Exportfunktion erzeugten Dateien in anderen Applikationen verwendet werden, ist u.U. eine manuelle Anpassung erforderlich.

4.4 Bericht erstellen

Im Menü ‚Datei' gibt es die Option *Bericht erstellen*. Hier kann das gesamte Arbeitsblatt im Rich-Text-Format (mit der Dateierweiterung RTF) gespeichert werden. Dabei wird der jeweils aktuelle Zustand der Objekte gespeichert.

4.4 Bericht erstellen

Wurde aber mit einem R-Kalkulator eine Berechnung durchgeführt und befindet er sich im Ausführungsmodus, so wird mit dem Rechenergebnis auch der zugehörige Code im Bericht gesichert.
Im linken Fenster des aufgeklappten ‚Bericht-Erstellen-Wizard' wird eine Liste aller auf dem Arbeitsblatt platzierten Objekte angezeigt. Diese können einzeln ausgewählt und mittels Drag & Drop auf die rechte Seite gezogen werden. Hier kann zusätzlicher Text eingegeben werden, so dass die Erstellung eines statistischen Reports möglich ist. Dazu reicht das Anklicken von OK nicht. Hiermit wird lediglich ein Zustand festgehalten, der im Laufe der weiteren Sitzung noch modifiziert werden kann. Erst das Anklicken des Button ‚Report erzeugen' führt zur Report-Erstellung.
Natürlich kann der Bericht am Ende in einem Textverarbeitungsprogramm, etwa Word, weiter bearbeitet werden. Auf diese Weise wurde der in der Abbildung 3.5 wiedergegebene Report erzeugt.

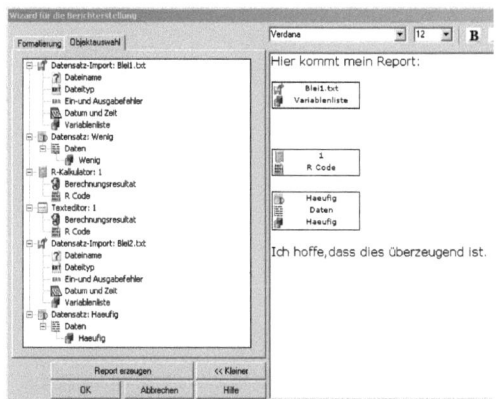 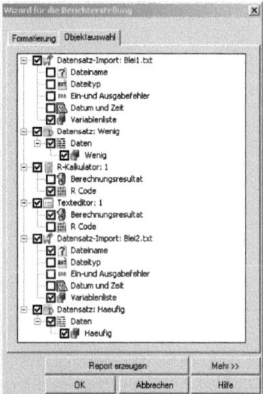

Abbildung 4.3. Wizard für die Berichterstellung - ‚Mehr'- und ‚Kleiner'-Ansicht

Zu beachten ist, dass Grafiken nicht mit in den Bericht aufgenommen werden, wenn die Symbolansicht der Grafik-Objekte aktiviert ist. Zudem wird per Voreinstellung der R-Code zur Erzeugung der Grafik beim Grafik-Wizard mit ausgegeben. Dies ist in aller Regel nicht gewünscht. Der Weg, um dies zu vermeiden, ist folgender: Man öffnet den Wizard für die Berichterstellung und achtet darauf, dass der Ordner Objektauswahl aktiviert ist. Sofern wie im linken Teil der obigen Abbildung zwei Fenster zu sehen sind, wählt man bei den unteren Auswahlmöglichkeiten die Ansicht Kleiner. Bei Anklicken von Kleiner verschwindet das rechte Fenster. Der Wizard hat dann die rechts wiedergegebene Gestalt. Dann erscheinen die R-Grafik Wizard-Objekte als Ordner (zu erkennen an dem $\boxed{+}$ vor dem R-Code). Aufklappen ermöglicht die Auswahl (Häkchen vorhanden) bzw. das Wegdrücken (Häkchen ausgeschaltet) der einzelnen in diesem Ordner befindlichen Teile.

5
Statistische Objekte

Einige der Labor-Objekte haben einen direkten statistischen Bezug, entweder als speziell organisierte Formen von Daten bzw. Möglichkeit der Datenerstellung oder als eine Art Endprodukt einer statistischen Aktivität. Solche Objekte haben für die statistische Aktivität verständlicherweise eine besondere Bedeutung. Daher wird hier auf diese Objekte etwas näher eingegangen. Insbesondere wird auch der Grafik-Wizard vorgestellt, da Grafiken zu den wesentlichen Formen der Ergebnispräsentation statistischer Auswertungen zählen.

5.1 Zufallszahlen

Zufallszahlen spielen eine große Rolle in der Statistik. Die Anwendung statistischer Methoden auf Datensätze, die bekannten, vorgegebenen Verteilungen entstammen, erlaubt, das Verhalten der Methoden unter Idealbedingungen zu studieren. Bei empirischen Daten hat man es dagegen selten, dass die unterstellte Verteilung tatsächlich die wahre Verteilung ist; meist ist sie eine – hoffentlich zufriedenstellende – Approximation.

Zufallszahlen werden nach aufwändigen mathematischen Algorithmen erzeugt. Sie verhalten sich wie zufällig, etwa durch Würfeln, erzeugte Zahlen: sie sind regellos und jedes Zahlenintervall hat in etwa die durch die theoretische Verteilung vorhergesagte Häufigkeit. Da sie aber mit einem mathematischen Algorithmus bestimmt werden, sind sie nicht exakt zufällig. Man spricht daher auch von Pseudozufallszahlen.

Im Labor ist die Erzeugung leicht. Das Objekt ‚Zufallszahlengenerator' ist durch die beiden Zahnräder symbolisiert. Es wird wie üblich aktiviert.

Über die Einstellungen im Kontextmenü (Anklicken mit der rechten Maustaste) kann aus den vorhandenen Verteilungen die gewünschte ausgewählt werden. Vorhanden sind die in der folgenden Übersicht angegebenen Verteilungen. Zu jeder Verteilung erscheint das passende Feld der Parameter. Zudem lässt

Tabelle 5.1. Die Verteilungen im Zufallszahlengenerator

Gleichverteilung (stetig)	Normalverteilung
Binomialverteilung	Negative Binomialverteilung
Lognormale Verteilung	Poisson-Verteilung
Exponentialverteilung	Chiquadrat-Verteilung
F-Verteilung	t-Verteilung
Hypergeometrische Verteilung	geometrische Verteilung
Cauchy-Verteilung	Gammaverteilung
Betaverteilung	Logistische Verteilung

sich der Name der Variablen wählen und die Struktur, d.h. die Anzahl der Zeilen und Spalten.
Der Zufallszahlengenerator ist mit einem Datensatz oder einer Matrix zu verbinden, um die erzeugten Zahlen zu sehen. Auch kann ein R-Kalkulator angehängt werden, um sie weiterzuverarbeiten.
Einige der Einstellungen von Zufallszahlen-Objekten können auch in der Einstellungsleiste vorgenommen werden. Ist nämlich ein Zufallszahlengenerator aktiv, so werden dort der Typ der Verteilung, die Anzahl der Zeilen und die Anzahl der Spalten angezeigt und können entsprechend geändert werden.

5.2 Urliste

Die Urliste hat keinen Eingang; es ist also nur möglich, Daten direkt einzugeben oder mittels ‚Copy and Paste' einzufügen. Für die in eine Urliste einzufügenden Daten müssen die Ausgangsdaten jeweils untereinander stehen. Eine Datenmatrix lässt sich also nicht als ganzes in eine Urliste einfügen. Das macht ja auch Sinn, da Daten aus Urlisten stets als univariate Daten in Form von Vektoren über ausgehende Konnektoren weitergereicht werden.
An eine Urliste kann ein R-Kalkulator angehängt werden, um statistische Auswertungen mit den Daten vorzunehmen. Ebenso kann mit einem angehängten Grafik-Wizard direkt eine grafische Darstellung auf der Basis der Werte in der Urliste erzeugt werden.

5.3 Datensatz

Ein Datensatz bildet das eigentliche Ausgangsmaterial einer statistischen Auswertung. In der Regel versteht man darunter ein rechteckiges Schema von Werten, bei denen die Zeilen die Beobachtungseinheiten darstellen und in den Spalten die Angaben zu jeweils den gleichen Variablen stehen. Zudem gehören zum Datensatz die Variableninformationen, also die Bezeichnungen der Variablen und die Zuordnung der Spalten. Im Datensatz-Objekt dürfen in einer Spalte nur Angaben gleichen Typs stehen, also nur numerische Werte oder

5.3 Datensatz

nur Zeichenketten. Ein Beispiel für Zeichenketten ist die Angabe von `we` für weiblich und `ma` für männlich. In der Ausgabe erscheinen solche Zeichenketten dann in Anführungsstrichen. Eine Ausnahme bildet die Angabe von `NA`; diese steht für einen fehlenden Wert.

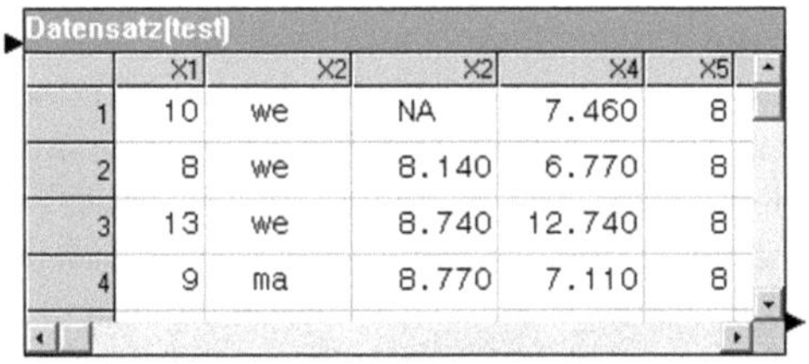

	X1	X2	X2	X4	X5
1	10	we	NA	7.460	8
2	8	we	8.140	6.770	8
3	13	we	8.740	12.740	8
4	9	ma	8.770	7.110	8

Abbildung 5.1. Ein Datensatz mit gemischten Variablen und fehlenden Werten

Wesentlich ist es, dass eine Zeile eines Datensatzes stets eine einzelne, ggf. aus mehreren Komponenten bestehende Beobachtung darstellt. Daher kann es keine unterschiedlich langen Spalten geben. Hat man unterschiedliche Beobachtungsserien, so sind diese in unterschiedliche Datensatzobjekte zu bringen. Beim Datenimport ist schon darauf hingewiesen worden, wie Daten in einen Datensatz gelangen. Natürlich ist auch die Eingabe per Hand am Bildschirm möglich. Umfasst der Datensatz dann mehr als eine Variable, so werden die noch nicht eingegebenen Felder einer Zeile automatisch durch Nullen aufgefüllt. Gelöscht bekommt man eine Zeile folgerichtig nur, indem man sie zuerst insgesamt markiert und erst dann die Entf -Taste betätigt.
Befinden sich in einen Datensatz Daten aus einem vorgeschalteten Zufallszahlengenerator, so ergibt die Speicherung des Arbeitsblattes und das anschließende erneute Laden eine Überraschung: Im Datensatz befinden sich nämlich neue Werte. Will man dies verhindern, so ist vor dem Speichern die Verbindung zu deaktivieren oder zu löschen.
Möchte man die Eingangsquelle des Datensatzes ändern, so reicht es nicht, wenn einfach der Eingang ausgetauscht wird. Zusätzlich muss auch über das Kontextmenü des Datensatzes unter ‚Einstellungen' die neue Quelle ausgewählt werden. Um ein Beispiel zu geben: Ein Datensatz sei einfach durch Eingabe am Bildschirm erzeugt worden. Nun soll er stattdessen an einen Zufallszahlengenerator angedockt werden. Wird dies vorgenommen, so ist erst einmal keine Änderung im Datensatz- Objekt zu erkennen, obwohl die Regel lautet, dass Änderungen stets durchgereicht werden. Hier liegt dies daran, dass die anliegenden Daten unter ‚Einstellungen' des Datensatz-Objektes auszuwählen sind.
Über die Option ‚Operationen...' im Kontextmenü können einige einfache Datentransformationen vorgenommen werden:

- logarithmieren
- zentrieren

- standardisieren
- aufsteigend sortieren
- absteigend sortieren.

Die ersten drei Befehle erzeugen jeweils eine neue Spalte mit den transformierten Werten der ausgewählten Spalte. Beim Sortieren wird der gesamte Datensatz nach der entsprechenden Spalte auf- bzw. absteigend sortiert. Der ursprüngliche Zustand lässt sich dann allerdings nicht mehr herstellen. Daher sollte dies eher in einem angehängten R-Kalkulator mit Hilfe des Befehle `sort` realisiert werden. Dann lässt sich auch die sortierte Variable unter einem anderen Namen speichern; der ursprüngliche Zustand bleibt somit erhalten.
Eine wichtige Regel ist, dass Variablennamen nicht mit dem Namen des Datensatzes übereinstimmen dürfen. Missachtung dieser Regel kann an unterschiedlichen Stellen zu Problemen führen.

5.4 Zeitreihen

Zeitreihen sind Folgen von Beobachtungen einer Größe in einer festgelegten Reihenfolge; in der Regel ist sie durch einen Zeitparameter bestimmt. Wie in den meisten Anwendungen üblich, wird davon ausgegangen, dass die Zeitabstände gleich groß sind.
Um eine Zeitreihe zu erzeugen, muss ein Zeitreihenobjekt an einen Datenlieferanten angebunden sein. Dies darf ein Zufallszahlengenerator, ein Datensatz, eine Matrix oder ein R-Kalkulator sein, wenn in letzterem ein Vektor generiert wurde oder eine Zeitreihe weiter gereicht wird; siehe dazu auch Seite 58. Natürlich kann auch ein Zeitreihenobjekt selbst Datenlieferant sein.
Nur wenn das Zeitreihenobjekt an einem Labor-Objekt anliegt, das schon eine Zeitreihe enthält, kann im Kontextmenü die gewünschte Zeitreihe ausgewählt werden. Andernfalls ist dort ‚Neue Zeitreihe erstellen' auszuwählen. Wird dies angeklickt, so erscheint ein Fenster, in dem die Ausgangsdaten für die zu erstellende Zeitreihe auszuwählen sind. Die Daten sind zu markieren und mit dem Inklusionspfeil in das rechte Feld zu bringen. Im unteren Teil sind die Zeitreiheneinstellungen auszuwählen. Das Jahr kennzeichnet das Jahr der ersten Beobachtung. Die Frequenz meint die Anzahl der Beobachtungen pro Jahr. Hier lassen sich speziell die Werte 12 für Monatsdaten, 4 für Quartalswerte angeben. Wird einer dieser Werte gewählt, so erscheint im untersten Feld ein Kürzel, bei dem man den ersten Beobachtungsmonat bzw. das erste Quartal angeben kann. Bei anderen Frequenzen gibt es eine Liste mit Werten von 1 bis zu der Frequenz. Will man die Indizierung einfach von eins an fortlaufend haben, können diese Angaben einfach alle auf 1 gesetzt werden.
Das Zeitreihenobjekt bietet über das Kontextmenü zwei elementare Operationen zur Transformation der enthaltenen Zeitreihe:

- logarithmieren
- (einfache) Differenzen bilden.

Die Befehle erzeugen jeweils eine neue Spalte, also eine neue Zeitreihe, mit den transformierten Werten der ausgewählten Spalte. Bei der logarithmischen Transformation wird einfach von allen Werten der zugehörige natürliche Logarithmus gebildet. Die einfache Differenzenbildung bewirkt, dass von jedem Wert der entsprechend vorstehende abgezogen wird. Dies führt natürlich zu einem fehlenden Wert an der ersten Position.

5.5 Häufigkeitstabelle

Primär dienen Häufigkeitstabellen zur Darstellung der Verteilungen kategorialer Merkmale, also von Variablen mit nur wenigen möglichen Ausprägungen. Für andere Variablen müssen die Werte klassiert werden, damit eine solche Darstellung sinnvoll ist.

Das durch das Summenzeichen $\sum$ kenntlich gemachte Objekt Häufigkeitstabelle dient zur Erstellung und Verwaltung von Häufigkeitstabellen ohne und mit Klasseneinteilung. Typischerweise werden Häufigkeitstabellen an Datensätze angehängt. Über ‚Einstellungen' kann dann die Variable ausgewählt werden. Ist sie an einen Datensatz angedockt, so erscheint der Name des Datensatzes und erst darunter die Namen der auszuwählenden Variablen.

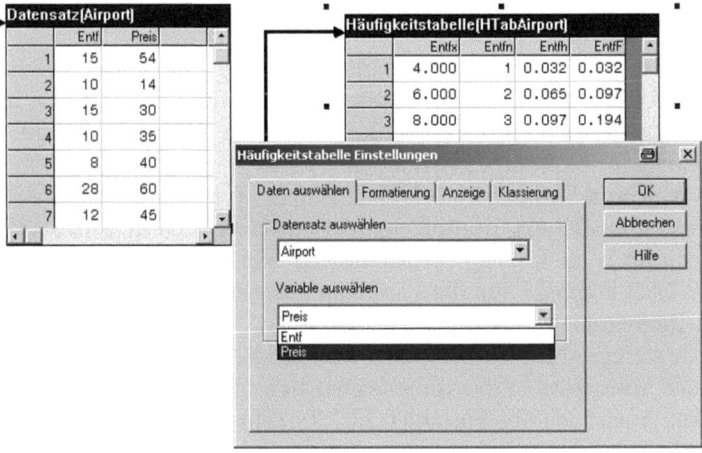

Abbildung 5.2. Einstellungsmenü ‚Häufigkeitstabelle'

Häufigkeitstabellen können auch direkt erstellt werden. Dann sind zeilenweise die Realisationsmöglichkeiten und die zugehörigen absoluten Häufigkeiten einzugeben. Die restlichen Angaben, die relativen Häufigkeiten und die kumulierten relativen Häufigkeiten, werden automatisch (und dynamisch) ergänzt. Eine gegebenenfalls notwendige Klassierung der Daten lässt sich über die Einstellungen vornehmen. Wahlweise kann die Klassenbreite oder die Anzahl der

Klassen angegeben werden. Wird eine Klassierung durchgeführt, so sind die ersten beiden Spalten der Häufigkeitstabelle die Klassenuntergrenze und die Klassenobergrenze. Werte, die genau auf einer Klassengrenze liegen, werden zu der unteren Klasse gerechnet. Die Klassierung findet also in der Form ‚über ... bis einschließlich ...' statt. Ausnahme bildet die kleinste Klasse, bei der auch Werte die gleich der Klassenuntergrenze sind, zu der Klasse gehören.

Die Benutzerbibliothek ‚DStat', siehe Kapitel 9.1, stellt Funktionen bereit, die Häufigkeitstabellen als Argumente haben können. So kann im angedockten R-Kalkulator eine Häufigkeitstabelle als Argument für die Funktionen `Mittel`, `Median`, `Varianz` dienen. (Natürlich sind auch Vektoren und Variablen als Argumente zulässig.) Bei klassierten Häufigkeitstabellen wird übrigens für die Berechnungen eine Gleichverteilung der Werte innerhalb einer Klasse unterstellt.

Die Häufigkeitstabelle besitzt einen Ausgang, an den andere Objekte angehängt werden können. Von diesen erscheinen nur die in der Übersicht 2.1 angegebenen sinnvoll, nämlich Matrix und R-Kalkulator. Die anderen sind eher unsinnig. Das resultiert daraus, dass Häufigkeitstabellen formal als Datensätze gehalten werden. Somit sind die Klassenunter- und die Klassenobergrenze sowie die verschiedenen Häufigkeiten eigene Variablen.

5.6 Kontingenztafel

Kontingenztafeln dienen zur zusammenfassenden Darstellung multivariater kategorialer Variablen. Kontingenztafeln können für Variablen, die in Datensätzen organisiert sind, erstellt werden. Es lassen sich auch absolute Häufigkeiten direkt in die Kontingenztafel eingeben.

Möchte man mit Variablen eines Datensatzes eine Kontingenztafel erstellen, so ist ein Labor-Objekt Kontingenztafel an den Datensatz anzulegen. Dann wählt man im Kontextmenü ‚Einstellungen' aus. (Nicht: ‚Kontingenztafel erstellen'!) Dort können dann die Variablen ausgewählt werden. Dazu geht man auf das Registerblatt ‚Auswahl'; im Fenster ‚Variablen auswählen' sind die gewünschten Variablen nacheinander zu markieren und jeweils mit gedrückt gehaltener Maustaste in das linke (Zeile) bzw. rechte (Spalte) obere Fenster zu ziehen. Auch mehrere Variablen für die Zeilen und Spalten sind möglich. Man erhält dann höherdimensionale Kontingenztafeln. Als Randverteilungen werden unter `Summe` jedoch nur die Zeilen- bzw. Spaltensummen angezeigt. Dargestellt werden wahlweise die absoluten oder die relativen Häufigkeiten. Nullen werden nur angezeigt, wenn man die entsprechende Option wählt.

Unter ‚Einstellungen' kann bei ‚Berechnungen' auch die Anzeige statistischer Maßzahlen angefordert werden; vorhanden sind der Phi-Koeffizient, die Chi-Quadrat-Teststatistik und der zugehörige P-Wert. Die drei Größen hängen zusammen. Multipliziert mit der Anzahl der Beobachtungen ergibt der Phi-Koeffizient den Wert der Chi-Quadrat-Teststatistik. Der P-Wert gibt die asymptotische Wahrscheinlichkeit an, bei Unabhängigkeit der Zeilen- und der

5.6 Kontingenztafel

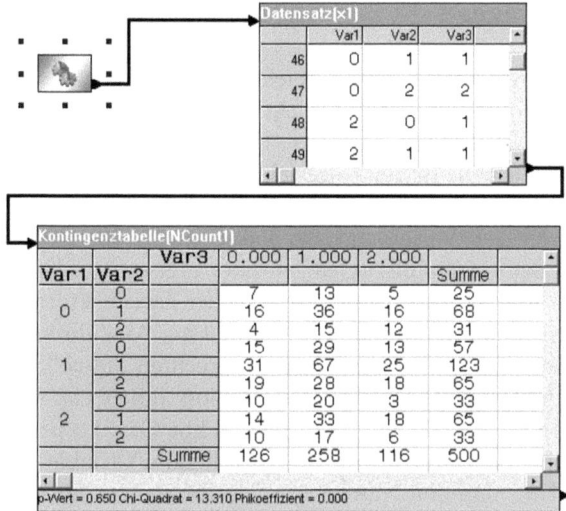

Abbildung 5.3. Eine mehrdimensionale Kontingenztafel aus einem Datensatz

Spaltenvariablen einen noch extremeren Wert der Chi-Quadrat-Teststatistik zu erhalten, als den angezeigten. Entsprechend der Interpretation des P-Wertes sind auch die beiden Maßzahlen so zu interpretieren, dass die zugrunde liegende Kontingenztafel als zweidimensional aufgefasst wird. Durch die Zeilen- und die Spaltenvariablen werden jeweils eine neue Zeilenvariable und eine neue Spaltenvariable festgelegt; deren Zusammenhang wird hier gemessen.

Wie gesagt kann ein Kontingenztafel-Objekt per Hand mit Daten gefüllt werden. Dies ist nützlich, da entsprechende Datensätze häufig schon in tabellierter Form zugänglich gemacht werden. Um dies zu bewerkstelligen, ist im Kontextmenü ‚Kontingenztafel erstellen' auszuwählen. Für die Variablen sind dann die unterschiedlichen Realisationsmöglichkeiten anzugeben. Versucht man, an zwei Stellen den gleichen Wert einzutragen, so wird der zweite Eintrag einfach ignoriert. Den automatisch erscheinenden Variablennamen Var0, Var1 usw. kann man durch Anklicken des Namens ändern, sobald das zugehörige Feld aktiviert ist.

Schließlich hat das Kontingenztafel-Objekt auch einen Ausgang. Hier lässt sich der Inhalt der Tafel, also die gemeinsamen Häufigkeiten, als Matrix exportieren. Angedockt muss entweder ein R-Kalkulator oder ein Matrix-Objekt sein. Dabei wird der Inhalt der Kontingenztafel direkt in das Matrix-Objekt übergeben. Beim R-Kalkulator ist die Matrix als solche noch einmal festzulegen, siehe den Abschnitt Matrizen im Kapitel 6.3.

5.7 Grafik-Wizard

Der Grafik-Wizard bietet eine vereinfachte dialoggesteuerte Grafikausgabe auf Basis der R-Grafikbefehle. Labor-Objekte vom Typ Grafik-Wizard werden wie üblich auf dem Arbeitsblatt platziert. Ihr Eingang muss mit einem anderen Objekt verbunden sein. In der Übersicht 2.1 sind die Labor-Objekte angegeben, an denen der Grafik-Wizard direkt angedockt sein darf.

Darstellen lassen sich Variablen bzw. Vektoren. Da solche Objekte auch im R-Kalkulator oder via Zufallszahlengenerator erzeugt werden, sind auch diese beiden Labor-Objekte valide Eingänge, sofern dort Vektoren bzw. Matrizen erzeugt wurden, wenn also mindestens einmal auf Ausführen gedrückt wurde. Durch Anklicken des Grafik-Wizard mit der rechten Maus-Taste wird ein Einstellungsmenü aktiviert. Anklicken der ‚Region' öffnet ein Auswahlmenü mit den wichtigsten Grafik-Typen. Der gewünschte Grafiktyp wird durch Doppelklicken aktiviert. Dann ist die darzustellende Variable einzugeben bzw. auszuwählen. Hat man den Namen der Variablen nicht im Kopf, so lässt sich mit dem Button ‚auswählen' ein Fenster mit den erreichbaren Variablen öffnen.

Im Folgenden werden die vorhandenen Grafik-Typen kurz vorgestellt.

Univariate Daten

 Stabdiagramm

In einem Datensatz D10 sei die Variable x mit den Werten 1 2 4 1 3 2 gespeichert. Dann ergibt die Auswahl des Stabdiagramms im angehängten Grafik-Wizard eine grafische Darstellung der Häufigkeitsverteilung:

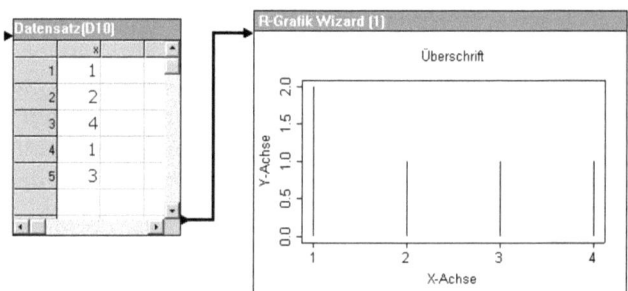

Abbildung 5.4. Ein Stabdiagramm

5.7 Grafik-Wizard

 Box-Plot

Box-Plots sind besonders geeignet, um mehrere Datensätze zu vergleichen. Sind zwei getrennte Datensätze gegeben, so erhält man eine Grafik, in der beide gleichzeitig dargestellt sind, indem sie mit demselben Grafik-Wizard verbunden werden. Auf die übliche Weise wird der Grafik-Typ ausgewählt. Die Auswahl beider Variablen ergibt dann das Gewünschte. Illustriert ist dies in der Abbildung 3.3 auf Seite 19.

 Verteilungsfunktion

Mit denselben Daten wie beim Histogramm ergibt die Auswahl der Verteilungsfunktion die folgende Darstellung.

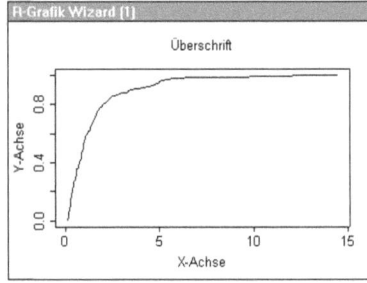

Abbildung 5.5. Eine empirische Verteilungsfunktion

 Tortendiagramm

Torten- oder Kreisdiagramme dienen zur Darstellung von Anteilen eher weniger Objekte. Dabei wird die Kreisfläche in Segmente aufgeteilt, die den Anteilen der Werte an ihrer Gesamtsumme entsprechen. Dies ist in der Abbildung 5.6 illustriert. Die Achsenbeschriftungen wurden übrigens dadurch ausgeschaltet, dass in dem Registerblatt ‚Achsen', die bei dem Punkt ‚Region' erscheint, jeweils ein Leerzeichen eingegeben wurde.

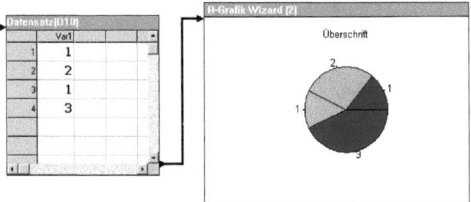

Abbildung 5.6. Ein Tortendiagramm

Zeitreihe

Der erste Schritt bei der Analyse einer Zeitreihe sollte die Betrachtung des Plots der Reihe sein. Nun haben Zeitreihen in R auch eine Zeitdimension; diese wird in der Grafik für die x-Achse mit übernommen. Bei mehrdimensionalen Zeitreihen werden alle Komponenten dargestellt.

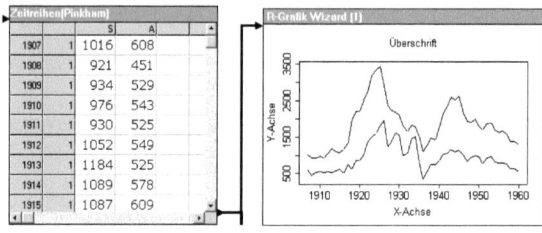

Abbildung 5.7. Eine bivariate Zeitreihe

 Histogramm

Der Grafik-Wizard eröffnet einen leichten Zugang zu Histogrammen mit gleicher Klassenbreite. Auf die übliche Weise wird eine vorgeschaltete Variable oder ein Vektor ausgewählt. In der Abbildung sind 250 Zufallszahlen erzeugt worden und in einem Histogramm mit 25 Klassen dargestellt.

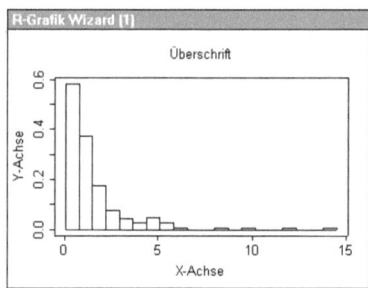

Abbildung 5.8. Ein Histogramm

 Balkendiagramm

Balkendiagramme stellen eine Alternative zu Tortendiagrammen dar. (Nicht zu Stabdiagrammen!) In der Situation des letzten Tortendiagrammes erhält man die folgende Grafik.

5.7 Grafik-Wizard

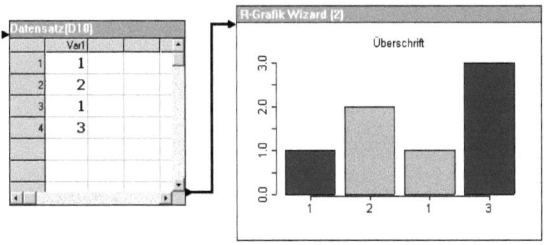

Abbildung 5.9. Ein Balkendiagramm

 QQ-Diagramm

Mit empirischen QQ-Diagrammen lassen sich zwei univariate Datensätze vergleichen. Ein Normalverteilungs-QQ-Diagramm dient zur Überprüfung, ob ein Datensatz sich adäquat durch eine Normalverteilung beschreiben lässt. Hier sind beide Möglichkeiten realisiert. Der Vergleich der Blutbelastung mit Blei mittels eines empirischen QQ-Diagrammes zeigt, dass die auf der Ordinate aufgetragenen Quantile der häufiger Milch Trinkenden unter denen liegen, die dies weniger tun.

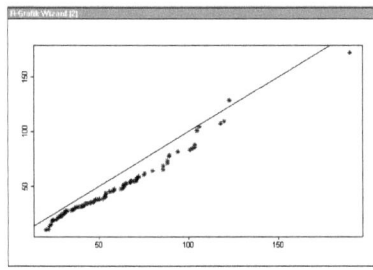

Abbildung 5.10. Ein empirisches QQ-Diagramm

Bivariate Daten

 Streudiagramm

Die Standarddarstellung für bivariate Daten ist das Streudiagramm. Hierbei werden die Werte der einen Variablen gegen die der anderen aufgetragen. Für eine akzeptable Darstellung ist in aller Regel die Größe der Markierungen mindestens auf ‚mittel' zu setzen. Diese Möglichkeit ist unter ‚Format' zu finden. Zusätzlich lässt sich noch eine Regressionsgerade darstellen. Diese resultiert aus einer Regression mit der auf der X-Achse dargestellten Variablen als unabhängiger und der auf der Y-Achse dargestellten als abhängiger. Die

Auswahl geschieht gleich im Punkt ‚Datensatz' des Kontextmenüs für das Streudiagramm.

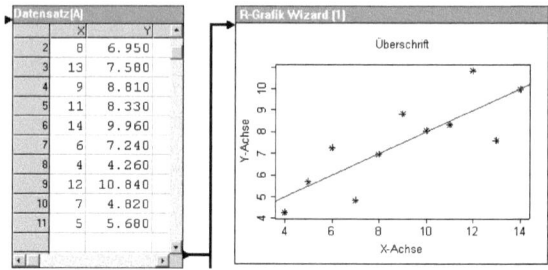

Abbildung 5.11. Streudiagramm mit Regressionsgeraden

 Linienzug

Bisweilen möchte man bivariate Daten nicht als einzelne Punkte darstellen, sondern aufeinanderfolgende Punkte miteinander verbinden. Dies ergibt gerade einen Linienzug. Hintergrund des im Folgenden dargestellten Linienzuges ist der als Gomberts Gesetz bezeichnete Sachverhalt, dass bei einigen Tierarten die Sterberate exponentiell anwächst, vgl. Carey, Liedo, Orozco und Vaupel (1992).

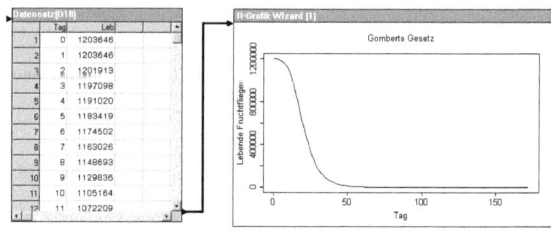

Abbildung 5.12. Ein Linienzug

Hilfslinien

 Maßzahl

Will man eine Grafik um eine geeignete Maßzahl ergänzen, so ist zuerst die Ausgangsgrafik zu erzeugen. Im Anschluss hat man im Kontextmenü des Grafik-Wizard bei Einstellungen noch einmal die Region anzuklicken. Dies

5.7 Grafik-Wizard

eröffnet die Möglichkeit, die bereits vorhandene Darstellung um die Maßzahlen zu erweitern.

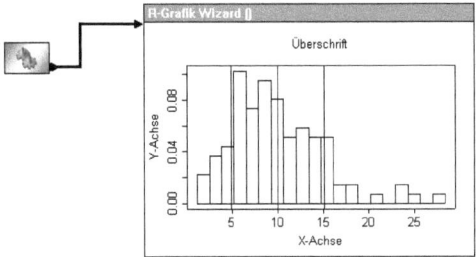

Abbildung 5.13. Ein Histogramm mit Maßzahl (arithmetisches Mittel ±Standardabweichung)

 Funktion

Um eine Funktion, etwa die Normalverteilungsdichte, grafisch darzustellen, hat man einen Grafik-Wizard aufzuziehen und im Kontextmenü die Eingabe y= um die gewünschte Funktion zu ergänzen. Die Funktion muss natürlich eine R-Funktion sein, das Funktionsargument muss x lauten. Dann ist noch einmal die Region anzuklicken und in dem sich dann zeigenden Registerblatt ‚Skalierung' der Wertebereich für die beiden Achsen festzulegen.

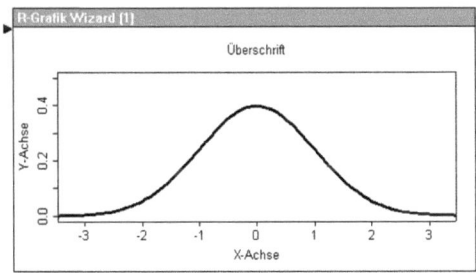

Abbildung 5.14. Normalverteilungsdichte

Weiteres zum Grafik-Wizard

Die vorstehenden Abbildungen sind weitgehend spartanische Darstellungen. Verschönern lassen sie sich durch geeignete Auswahl von Attributen wie Linientypen, Farben und Strichstärken. Überschriften und Achsenbezeichnungen können natürlich selbst bestimmt und damit die Grafik sprechender gemacht werden. Um speziell (voreingestellte) Achsenbeschriftungen verschwinden zu lassen, kann bei den Einstellungen der Grafikregion im Punkt Achsen einfach ein Leerzeichen eingegeben werden.

An verschiedenen Stellen ist - wie üblich - eine gewisse Achtsamkeit nötig. Sind zum Beispiel in einem Zufallszahlengenerator gleichverteilte Daten mit der Einstellung 50 Zeilen und 3 Spalten erzeugt worden, so macht es einen Unterschied, ob der Zufallszahlengenerator direkt mit einem Grafik-Wizard verbunden wird oder ob er in einem Zwischenschritt erst in einen Datensatz überführt wird. Bei der direkten Verbindung wird die Dimensionierung vergessen. Es wird beispielsweise eine empirische Verteilungsfunktion aller 150 Werte gezeichnet. Dies ist in dem obersten Grafik-Objekt der Abbildung 5.15 dargestellt.

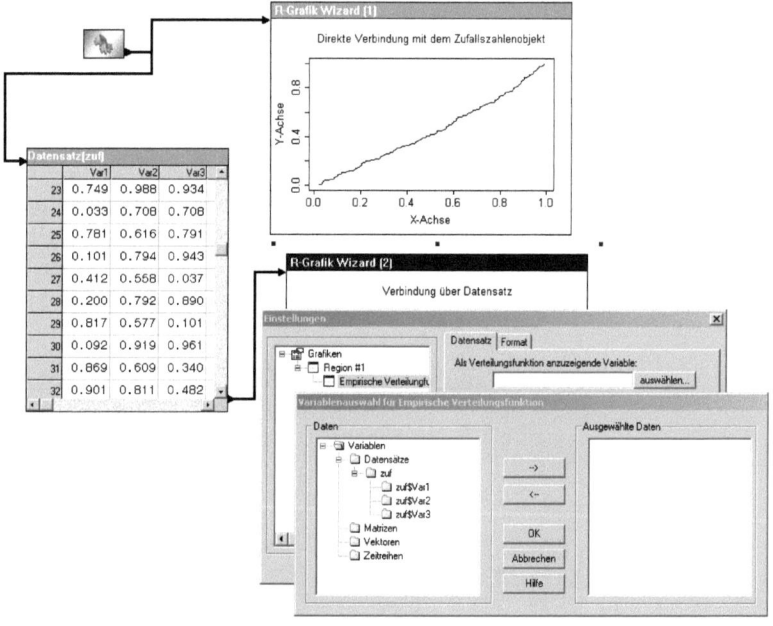

Abbildung 5.15. Darstellen von Zufallszahlen

Die Überführung der Zufallszahlen in einen Datensatz bewirkt dagegen, dass ein Datensatz mit 50 Beobachtungen und 3 Variablen entsteht. Der daran angedockte Grafik-Wizard eröffnet nun natürlich die Möglichkeit, die drei Variablen separat auszuwählen und grafisch aufzubereiten. Dazu wird nach Auswahl der gewünschten Grafik das Einstellungsfenster für diese Grafik geöffnet. Je nach Datentyp, der am Eingang des Grafik-Wizards anliegt, sind

5.7 Grafik-Wizard

dann die Variablen, Vektoren oder Spalten der Matrix auszuwählen. Das zeigt der untere Teil der Abbildung 5.15.

Wie bei der der Darstellung zur Maßzahl schon gezeigt, können verschiedene Grafiken übereinander geplottet werden. Dies ist etwa beim Vergleich zweier Datensätze mittels Histogrammen günstig. Natürlich wird man die Histogramme dann verschieden einfärben, um die Unterschiedlichkeit hervorzuheben.

Will man zwei (oder mehr) Grafiken nicht überlappend in einem Grafik-Fenster unterbringen, so ist nach Erstellen der ersten im Zentrum des Einstellungsmenüs ‚neues Fenster‘ per Mausklick auszuwählen. Über den im Einstellungsmenü erreichbaren Auswahlbutton ‚neue Region‘ kann die Anordnung der Grafiken ausgewählt werden. Dies geschieht durch Anklicken der rechten Pfeilspitze. Bei zwei Grafiken können sie nebeneinander oder übereinander platziert werden; die eine kann etwas größer oder kleiner als die andere gewählt werden.

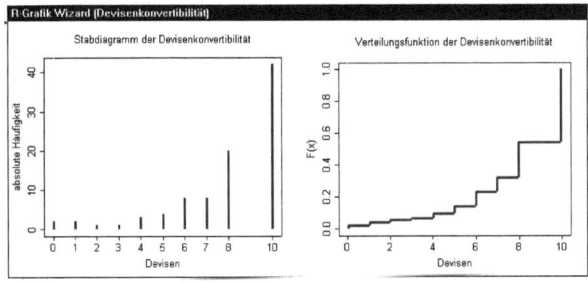

Abbildung 5.16. Zwei Grafiken in einem geteilten Grafik-Fenster

Der oben stehenden Abbildung liegen Beurteilungen der Devisenkonvertibilität im Jahre 1995 für 91 Länder zugrunde. Die Beurteilung erfolgte auf einer Elfer-Skala; Null steht für die geringste Konvertibilität, Zehn stellt vollkommene Freizügigkeit dar. Die Daten sind Scholing und Timmermann (2000) entnommen.

6
Der R-Kalkulator

Es sei vorab darauf hingewiesen, dass es sehr zu empfehlen ist, die Berechnungen in möglichst wenigen R-Kalkulator-Objekten unterzubringen. Wie im Abschnitt 9.3 ausgeführt wird, wird nämlich mit jedem R-Kalkulator ein vollständiger R-Workspace in den Hauptspeicher geladen. Dies kann zu Speicherproblemen und in der Folge zu Abstürzen des Programms führen.
Wie in der Vorbemerkung angegeben, kann der R-Kalkulator zwei Zustände aufweisen, einen Eingabe- oder Schreibmodus und einen Rechenmodus. Diese sind durch Anklicken der oben rechts angeführten zugehörigen Symbole, Bleistift ✎ und Zahnrad ⚙, auszuwählen. Für die Anzeige der Berechnungsergebnisse ist der `print`-Befehl nötig:

✎   `1+2`

⚙   `Berechnung beendet ...`

✎   `print(1+2)`

⚙   `[1] 3`
       `Berechnung beendet ...`

Auf die Wiedergabe der Ausgabezeile `Berechnung beendet ...` wird im Weiteren verzichtet.
Der R-Kalkulator verfügt oben rechts über einen weiteren Stop-Button, den die anderen Labor-Objekte nicht haben: Die Stop-Option ist bei normalen Auswertungen weniger relevant. Sie wird erst bei umfangreichen Berechnungen bedeutsam, etwa wenn man im R-Kalkulator zu viele Zufallszahlen erzeugen will oder eine Schleife ohne korrektes Abbruchkriterium ausführen lässt.
Anklicken des R-Kalkulators mit der rechten Maustaste eröffnet das Kontextmenü. Hier lassen sich unter ‚Einstellungen' eine Überschrift eingeben, die Schrifttype und -farbe sowie die Hintergrundfarbe des R-Kalkulators auswählen. Auch die üblichen Editier-Funktionen wie Ausschneiden etc. können hier aktiviert werden. Dabei ist der ‚Zeilenumbruch' beim R-Kalkulator nicht so entscheidend wie beim Texteditor. Ihn einzuschalten ist aber günstig, wenn längere Zeilen eingegeben werden.

Mit dem *Statistik-Taschenrechner* wird der Zugang zu Berechnungen mit R wesentlich vereinfacht, da er erlaubt, statistische Berechnungen und Auswertungsschritte ohne Kenntnisse von R anzufordern.

Eine korrekte Klammerung wird durch Einfärben der jeweils relevanten Klammer erleichtert; dies ist einer der häufigsten Fehler beim Arbeiten mit dem R-Kalkulator. Der über das Kontextmenü einschaltbare *Syntaxhighlighter* färbt weitergehend die verschiedenen Elemente im R-Kalkulator unterschiedlich ein. Befindet man sich innerhalb eines Klammernpaars, so werden die innersten Klammern hervorgehoben; ist eine Klammer nicht geschlossen, so wird der vorhandene Klammerteil rot markiert.

Weiter kann der gesamte Inhalt des R-Kalkulators als Bibliothek gespeichert werden, siehe den Abschnitt 9.1. Auch der umgekehrte Weg, der Import einer Bibliothek in einen R-Kalkulator, ist möglich.

6.1 Der R-Kalkulator als Taschenrechner

Im R-Kalkulator kann man mit Zahlen rechnen wie mit einem Taschenrechner. Dezimalzahlen werden dabei der angelsächsischen Konvention folgend ausschließlich mit einem Dezimalpunkt statt dem im deutschen Sprachraum üblichen Dezimalkomma geschrieben.

Es sind die üblichen *mathematischen Operationen* vorhanden:

Addition	`1+3`
Subtraktion	`1-3`
Multiplikation	`5*2`
Division	`10/1.4`
Potenzierung	`5^6`
Divisionsrest	`23%%6`

Die wichtigsten *mathematischen Funktionen* sind, der im englischsprachigen Raum üblichen Bezeichnungsweise entsprechend:

Absolutbetrag	`abs(x)`
Quadratwurzel	`sqrt(x)`
Exponentialfunktion	`exp(x)`
Logarithmus	`log(x)`, `log10(x)`, `log2(x)`
trigonometrische Funktionen	`cos(x)`, `sin(x)`, `tan(x)`, `cot(x)`
Binomialkoeffizient	`choose(n,k)`

In einer Zeile eines R-Kalkulators darf zunächst nur jeweils ein Befehl stehen. Will man mehr als einen Befehl auf einer Zeile unterbringen, so lässt sich dies durch Einfügen eines Semikolons zwischen den Befehlen erreichen.

```
print(1+2); print(3*21)
```
```
[1] 3
[1] 63
```

Die Regel, dass mehrere unabhängige Befehle nicht einfach hintereinander in einer Zeile stehen dürfen, gilt natürlich auch für die Argumente des `print`-Befehls:

6.1 Der R-Kalkulator als Taschenrechner

> `print(1+2 3*21)`

> `Error: syntax error`

Allerdings führt auch das Semikolon innerhalb des `print`-Befehls zu einem Syntax-Fehler. Gegebenenfalls müssen also mehrere `print`-Befehle formuliert werden.

Man kann auch eine Datei anlegen, die vom R-Kalkulator aus ausgeführt wird. In einer solchen Datei mit R-Befehlen dürfen mehrere Operatoren oder auch Funktionen und Zuweisungen stehen. Diese müssen durch ein Semikolon oder einen Zeilenumbruch voneinander getrennt sein. In den R-Kalkulator ist dann der Befehl `source(datei)` einzugeben. `datei` ist dabei der Name der Datei mit dem vollständig spezifizierten Pfad.

Bisweilen ist die *Kommentierung* einer Befehlssequenz sinnvoll. Dies gilt vor allem dann, wenn es sich um eine größere Anzahl von Befehlen in einem R-Kalkulator handelt. Dazu dient das Gittersymbol #. Alles, was auf der Zeile nach dem #-Symbol steht, wird als Kommentar angesehen. Das Zeichen # beendet die weitere Bearbeitung der Zeile; es wird zur nächsten Zeile übergegangen.

> `print(sqrt(9))     # Quadratwurzel aus 9`

> `[1] 3`

Durch eine *Zuordnung* können Konstanten und auch Ergebnisse von Berechnungen zwischengespeichert werden. Zwei Zuordnungen sind etwa `a <- 4` und `b<-1+1`. Der *Zuordnungspfeil* `<-` wird dabei aus dem Kleinerzeichen < und dem Minuszeichen - zusammengesetzt. Der abgespeicherte Wert ist dann über den Namen ansprechbar:

> `a <- sqrt(2)`
> `print(a)`

> `[1] 1.414214`

Die Namen, denen Werte zugeordnet werden, werden im EDV-Jargon auch als Variablen bezeichnet. R unterscheidet jedoch diese Art Variablen von den Variablen eines Datensatzes. Auch wenn oft auf eine Unterscheidung verzichtet werden kann, ist sie bisweilen essentiell, etwa wenn gewisse Funktionen nur Datensatzvariablen als Argumente zulassen. Daher wird hier nur von Variablen gesprochen, wenn es Variablen von Datensätzen sind.

Die gleichen Operationen wie für Konstanten stehen für Variablen zur Verfügung. Führt ein Konnektor aus einem Datensatz in den R-Kalkulator, so stehen dort die Variablen des Datensatzes zur Bearbeitung zur Verfügung. Nun können z. B. zwei Variablen des Datensatzes addiert werden; dies geschieht elementweise. Auch die anderen Operationen werden bei Variablen oder Vektoren i. d. R. komponentenweise ausgeführt.

In der folgenden Darstellung wurde bei der Eingabe übrigens in der ersten Zeile `print("x*y:")` angegeben. Die Verwendung der Anführungszeichen führt zum Ausdruck des Textes.

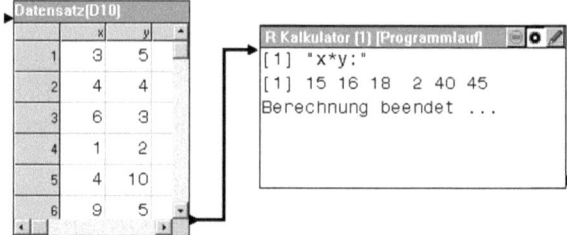

Abbildung 6.1. Operation auf den Variablen eines Datensatzes

6.2 Der Statistik-Taschenrechner

Der R-Kalkulator kann, wie im obigen Abschnitt ausgeführt wurde, einfach als Taschenrechner verwendet werden. Bezüglich weitergehender Berechnungen und Auswertungen bedarf es einiges an Training, bis man bei dem großen Befehlsvorrat mit ihren jeweiligen Möglichkeiten selbstverständlich mit R umgehen kann. Einfacher ist der Zugang zum Auswerten von Daten über den Statistik-Taschenrechner, im Folgenden kurz als Taschenrechner bezeichnet. Man erhält ihn durch Anklicken des R-Kalkulators mit der rechten Maustaste; er muss sich dazu im Schreibmodus befinden. Dann ist er in dem aufscheinenden Popup-Menü auswählbar.
Beim Öffnen des Taschenrechners zeigt das Tableau auf der linken Seite zwei Bereiche, den Variablen-Bereich und den Funktionen-Bereich.
Bei den Funktionen wird unterteilt in

- Benutzerbibliotheken und
- R-Funktionen.

Auf Benutzerbibliotheken wird im Abschnitt 9.1 eingegangen; hier werden die R-Funktionen betrachtet. Die hierüber zugänglichen Funktionen sind die für den Einstieg in die Statistik wichtigsten R-Funktionen. Es sind natürlich bei weitem nicht alle. Versammelt sind aber die grundlegenden mathematischen und statistischen Funktionen sowie die wichtigsten Verteilungen. Öffnet man beispielsweise den Menüeintrag ‚Maßzahlen', so gelangt man u.a. zu der Funktion ‚f_x arithmetisches Mittel'. Damit lässt sich dieses folgendermaßen berechnen: Doppelklicken auf die Funktion transportiert sie in die rechte obere Zeile in das Feld, das mit ‚Ausdruck' beschrieben ist. Für die Variablen wird jedoch standardmäßig ein x als Argument eingesetzt. Dieses x muss durch das gewünschte Argument, d.h. die interessierende Variable, ersetzt werden. Dafür wird das x markiert und einfach überschrieben. Soll das Ergebnis einer (EDV-) Variablen zugewiesen werden, so ist diese im linken Feld anzugeben. Im Anschluss wird auf ‚Zeile einfügen' geklickt; dies transportiert den Befehl in das Einfügungsfeld. Auf die gleiche Weise können weitere Funktionen in das Einfügungsfeld gebracht werden. Ein abschließendes OK bringt den oder die

6.2 Der Statistik-Taschenrechner

Befehle in den R-Kalkulator. Befinden sich bereits Eintragungen in dem Kalkulator, so muss man allerdings etwas aufpassen. Denn es ist nicht immer so, dass die Einfügung nach den im Kalkulator befindlichen Eintragungen vorgenommen wird. Abschicken der Befehle durch Klicken auf das Zahnrad ergibt schließlich die gewünschten Ergebnisse im R-Kalkulator. Dazu ist ggf. vorab noch ein `print` zu ergänzen.

Die Unterpunkte des Variablen-Bereiches sind aus der Abbildung 6.2 zu ersehen.

Abbildung 6.2. Der Statistik-Taschenrechner (Ausschnitt)

Hier wird nur etwas angezeigt, wenn ein entsprechendes Labor-Objekt mit dem R-Kalkulator verbunden ist. Also muss beispielsweise ein Datensatz-Objekt vorgeschaltet oder der R-Kalkulator mit einem Zufallszahlengenerator verbun-

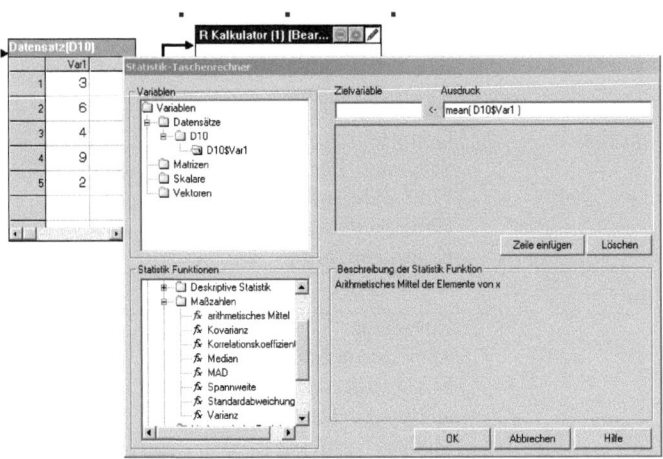

Abbildung 6.3. Der Statistik-Taschenrechner

den sein, bevor die Variable oder der Vektor im Taschenrechner angezeigt wird. Ist in dem Ausdruck-Fenster schon eine Funktion ausgewählt, so kann die gewünschte Variable auch dadurch zum Argument der Funktion gemacht werden, dass das standardmäßig eingefügte x markiert und anschließend auf die Variable im linken Fenster doppeltgeklickt wird. Dies bewirkt das Ersetzen von x.

Wird der Ordner ‚Datensätze' aufgeklappt, so wird die interessierende Variable in der Form DS$Var angegeben; dabei ist DS der Name des Datensatzes und Var der der Variablen, vgl. die Abbildung 6.3. Dies ist eine Eigenheit von R; Variablen in Datensätzen können in dieser Form angesprochen werden, also als Zusammensetzung des Datensatznamens und des Variablennamens, wobei dazwischen das Dollar-Zeichen steht. In einem R-Kalkulator, der an dem Datensatz angehängt ist, reicht es, den Namen der Variablen allein anzugeben.

Die folgende Tabelle gibt einen Überblick über die mit dem Taschenrechner zugänglichen Funktionen. Die Seitenangaben verweisen auf die Einträge im dritten Teil dieses Buches, wo die Funktionen ausführlich beschrieben sind.

Tabelle 6.1. Standardfunktionen

Datentransformationen		Seite
cumprod(x)	kumuliertes Produkt	194
cumsum(x)	kumulierte Summe	195
cut(x,breaks)	Klassierung	195
rank(x)	Ränge	211
scale(x)	Standardisierung	214
sort(x)	Sortieren	218
sum(x)	Summe aller Elemente	221
Beschreibung von Datensätzen		Seite
length(x)	Anzahl der Beobachtungen	199
lm(y~x)	Regression	200
max(x)	Maximum	203
min(x)	Minimum	203
quantile(x,probs)	Quantile	210
stem(x)	Stem-and-Leaf-Diagramm	221
summary(x)	Fünf-Zahlen-Zusammenfassung	222
table(x)	Häufigkeitstabelle	225
table(x,y)	Kontingenztafel	225
Maßzahlen		Seite
cov(x,y)	Kovarianz	193
cor(x,y)	Korrelationskoeffizient	192
mad(x)	MAD (mit 1.4826 multipliziert)	201
mean(x)	arithmetisches Mittel	203
median(x)	Median	204
range(x)	Spannweite	210

sd(x)	Standardabweichung	216
var(x)	Varianz	226

mathematische Funktionen		Seite
abs(x)	Betrag	185
ceiling(x)	Aufrunden	190
choose(n,x)	Binomialkoeffizient	191
exp(x)	Exponentialfunktion	198
floor(x)	Abrunden	190
log(x)	natürlicher Logarithmus	201
log10(x)	Logarithmus zur Basis 10	201
log2(x)	Logarithmus zur Basis 2	201
round(x,digits)	Runden	190
sign(x)	Vorzeichen	217
sqrt(x)	Quadratwurzel	220

Matrix-Funktionen		Seite
x %*% y	Produkt zweier Matrizen	57
cbind(x,y)	Nebeneinandersetzen zweier Vektoren	189
diag(x)	Diagonalmatrix erzeugen/extrahieren	196
dim(x)	Dimension bestimmen	197
rbind(x,y)	Untereinandersetzen zweier Vektoren	212
t(x)	Transponieren einer Matrix	223

trigonometrische Funktionen		Seite
acos(x)	Arcuscosinus	186
asin(x)	Arcussinus	186
atan(x)	Arcustangens	186
cos(x)	Kosinus	193
sin(x)	Sinus	193
tan(x)	Tangens	193

Verteilungen		Seite
binom(x,n,prob)	Binomialverteilung	179
chisq(x,df)	Chiquadratverteilung	179
exp(x,rate)	Exponentialverteilung	179
f(x,df1,df2)	F-Verteilung	179
geom(x,prob)	geometrische Verteilung	179
hyper(x,m,n,k)	hypergeometrische Verteilung	179
nbinom(x,size,prob)	negative Binomialverteilung	179
norm(x,mean,sd)	Normalverteilung	179
pois(x,lambda)	Poisson-Verteilung	179
signrank(x,n)	Wilcoxon-Vorzeichenrangverteilung	179
t(x, df)	t-Verteilung	179
weibull(x,shape,scale)	Weibull-Verteilung	179
wilcox(x,m,n)	Wilcoxon-Rangsummenverteilung	179

Bei den Verteilungen sind die genannten Funktionen erst vollständig, wenn ihnen noch ein erster Buchstabe vorangestellt wird. Denn für jede dieser Verteilungen gibt es drei Funktionen, die eben durch den ersten Buchstaben kenntlich gemacht sind.[1] Die Dichte oder Wahrscheinlichkeitsfunktion ist stets die mit dem d beginnende, die Verteilungsfunktion hat als Präfix ein p und die Inverse der Verteilungsfunktion zur Bestimmung von Quantilen ein q. Also gilt etwa:

dnorm(5,mean=2,sd=4)   Dichte der Normalverteilung mit $\mu = 2$ und $\sigma^2 = 4^2$ an der Stelle 3.

pnorm(5,mean=2,sd=4)   Verteilungsfunktion der Normalverteilung mit $\mu = 2$ und $\sigma^2 = 4^2$ an der Stelle 3.

qnorm(0.3,mean=2,sd=4) 0.3-Quantil der Normalverteilung mit $\mu = 2$ und $\sigma^2 = 4^2$.

dexp(3,2)   Wert der Dichte der Exponentialverteilung mit dem Parameter $\lambda = 2$ an der Stelle 3.

Beispiel 6.1 (Fünf-Zahlen-Zusammenfassung)
In dem Datensatz Brot enthält die Variable Zeit die Angaben zur notwendigen Arbeitszeit für den Kauf von 1 kg Brot für 70 Städte rund um die Welt. (Aus: Union Bank der Schweiz, 2003).

Einen einfachen, aber informativen Überblick über einen Datensatz erhält man mit der Fünf-Zahlen-Zusammenfassung. Hier werden der kleinste und der größte, das untere und obere Quartil sowie der Median angegeben. Diese Angaben bilden auch das Grundgerüst der Box-Plots.

Ist an dem Datensatz ein R-Kalkulator angedockt, so erhält man durch Verwendung des Taschenrechners auf die beschriebene Weise im R-Kalkulator durch Anklicken der Funktion ‚Fünf-Zahlen-Zusammenfassung' und dem anschließenden Auswählen der Variablen Brot$Zeit die Befehlszeile
summary(Brot$Zeit)
Ergänzen mit dem Befehl print in der folgenden Zeile ergibt die Befehlssequenz und nach Drücken des Zahnradsymbols die zugehörige Ausgabe:

```
print(summary(Brot$Zeit))
   Min. 1st Qu.  Median    Mean 3rd Qu.    Max.
   6.00   12.25   19.00   24.31   27.75   90.00
Berechnung beendet ...
```

Die Zeiten bewegen sich zwischen 6 und 90 Minuten; der größte Wert gehört zu der Stadt Shanghai, der zweitgrößte zu Caracas. Dort ist allerdings Brot keineswegs das Hauptnahrungsmittel zum Frühstück. Dies besteht vielmehr aus Arepas, einer Art kleiner Maiskuchens.

---

[1] Eigentlich sind es vier. Der Buchstabe r steht für die Erzeugung von Zufallszahlen. Dafür gibt es jedoch den Zufallszahlengenerator.

Der Median teilt die Städte in die Hälfte derjenigen, in denen recht kurz gearbeitet werden muss, und die, bei denen die benötigte Arbeitszeit höher ist. ∎

Bei den R-Funktionen zu Maßzahlen und zur Deskription von Datensätzen sind einige Konventionen implementiert, die nicht von allen als überzeugend angesehen werden. So geschieht bei `var`, `sd` und der Kovarianz `cov` die Normierung mit dem Faktor $1/(n-1)$ und nicht mit dem Faktor $1/n$. Bei `quantile` wird eine lineare Interpolation vorgenommen. Alternativen dazu bietet die Benutzerbibliothek ‚DStat‘, siehe den Abschnitt 9.1. Dort wird auch eine weitere Benutzerbibliothek ‚Regression‘ angesprochen. Die in dieser Bibliothek implementierte Regressionsprozedur ist zumindest für den Anfang der zwar mächtigen aber auch komplizierten R-Funktion `lm` vorzuziehen.

6.3 Berechnungen im R-Kalkulator

Im Schreib- oder Edit-Modus des R-Kalkulators kann beliebiger R-Code eingegeben werden. Der Code wird ausgeführt, sobald in den Rechen- oder Run-Modus gewechselt wird. Abhängig von den Eingaben und konnektierten Labor-Objekten werden die Ergebnisse dargestellt.
Die Befehle im R-Kalkulator werden immer sequenziell ausgeführt. Hat man sich z.B. einmal vertippt oder eine Klammer vergessen, so werden die Befehle bis zu der Stelle umgesetzt, an der der Fehler vorliegt. Erst dann wird anstelle des gewünschten Ergebnisses eine Fehlermeldung ausgegeben.
Um den R-Kalkulator nun direkt über den Rahmen eines einfachen Taschenrechners hinaus nutzen zu können, werden einige Basiselemente von R benötigt. Diese werden hier dargestellt.

Vektoren

Für das weitergehende Arbeiten im R-Kalkulator sind Vektoren und Matrizen grundlegend. Ein Vektor wird hier einfach als Folge von Zahlen betrachtet. Variablen eines Datensatzes sind im R-Kalkulator mit Vektoren im Wesentlichen gleich zu setzen. Auf das, was dahintersteckt, wird in den Ausführungen zu R etwas weiter eingegangen.
Mit Vektoren kann in der gleichen Weise gerechnet werden wie mit Zahlen. Dabei werden die meisten Operationen elementweise ausgeführt. Bei der Verknüpfung zweier Vektoren miteinander wird der kürzere solange immer wieder wiederholt, bis er genauso lang ist wie der andere. Erst dann wird die elementweise Verknüpfung vorgenommen.
Das *Erzeugen eines Vektors* geschieht mit der Funktion `c` mittels Aufzählen seiner Komponenten. Diese werden durch Kommata getrennt (Punkte sind stets Dezimalpunkte!):

```
a <- c(1,2.2,3.5,4)
print(a)
```
Das Ergebnis ist dann:
```
[1] 1.0 2.2 3.5 4.0
```
Es gibt verschiedene Möglichkeiten, Vektoren mit besonderen Eigenschaften zu erzeugen, ohne die Komponenten aufzählen zu müssen:

- Eine einfache Sequenz von Zahlen bilden, bei der die erste Zahl um jeweils eins erhöht wird:
  ```
  a<-1:10; print(a)
  [1] 1 2 3 4 5 6 7 8 9 10
  a<-seq(from=1,to=6); print(a)      # bzw. a<-seq(1,16)
  [1] 1 2 3 4 5 6
  ```
- Eine Sequenz bilden, bei der der erste Wert jeweils um einen selbst gewählten Wert erhöht wird:
  ```
  a<-seq(from=1,to=16,by=3); print(a) # bzw. a<-seq(1,16,3)
  [1]  1  4  7 10 13 16
  ```
- Die Wiederholung eines Wertes:
  ```
  a<-rep(2,10); print(a)
  [1] 2 2 2 2 2 2 2 2 2 2
  ```

Die *Indizierung von Vektoren* erlaubt den Zugriff auf die Komponenten eines Vektors. Dazu wird der Index in eckigen Klammern hinter dem Namen des Vektors angegeben. In den folgenden Zeilen sind die Ergebnisse der Aufrufe gleich mit angegeben:
```
a <- c(1,2.2,3.5,4)
print(a[3])
```
```
3.5
```
```
print(a[c(1,3)])
```
```
[1] 1.0 3.5
```
Auch logische Auswahlkriterien können zur Auswahl angegeben werden. So lassen sich die Werte herausfiltern, die kleiner sind als ein vorgegebener Wert oder eine andere der folgenden Relationen erfüllen. Zum Einsatz können dabei die folgenden Relationsangaben kommen:

a < b kleiner als
a <= b kleiner oder gleich
a == b gleich (zwei Gleichheitszeichen!)
a != b ungleich
a >= b größer oder gleich
a > b größer als.

6.3 Berechnungen im R-Kalkulator

Zwei Kriterien können durch eine ‚und'-Verbindung, in Zeichen &, bzw. eine ‚oder'-Verknüpfung, in Zeichen |, verbunden werden.

```
print(a[a<3])
[1] 1.0 2.2
print(a[(a>2)&(a<4)])
[1] 2.2 3.5
print(a[(a<2)|(a>=4)])
[1] 1 4
```

Bei Datensätzen mit mehr als einer Variablen ergibt sich eine weitere Möglichkeit, Komponenten einer der Variablen auszuwählen. Dies kann nämlich auch dadurch geschehen, dass eine Bedingung an eine andere Variable des Datensatzes angegeben wird. Dies wird in dem folgenden Beispiel exemplarisch gezeigt. Die dabei verwendete Funktion `length` gibt die Anzahl der Elemente eines Vektors zurück:

```
a <- c(1,2.2,3.5,4); print(length(a))
[1] 4
```

Beispiel 6.2 (Komponenten selektieren)
Gegeben ist ein Datensatz mit zwei Variablen, Einbr und PPr. Die erste gibt die Anzahl der Einbrüche (Einbr) pro Monat in der Gegend des Chicagoer Hyde Parks an. Die zweite ist ein Indikator, ob der Monat vor (PPr=0) bzw. nach (PPr=1) Durchführung eines Polizeiprogramms zur Kriminalitätsverminderung lag. Die Daten stammen aus Glass, Wilson & Gottman (1975). An diesen Datensatz wird ein R-Kalkulator angehängt. Dann produzieren die Befehle

```
a<-Einbr[PPr==0]
b<-Einbr[PPr==1]
print(c(length(a),length(b)))
```

die Ausgabe

```
[1] 41 17
```

In a sind die 41 Werte enthalten, die zum Zeitraum vor der Polizeiaktion gehören, in b die 17 Werte der anschließenden Beobachtungsphase. ∎

Ist bei einer mathematischen Operation ein Argument eine Zahl und das andere ein Vektor, so wird die Zahl mit jeder Komponente des Vektors entsprechend der angeforderten Operation verknüpft:

```
a <- c(1:4); print(a^2)
[1] 1 4 9 16
```

Die meisten der in der Übersicht 6.1 angeführten Funktionen operieren auch auf Vektoren bzw. Variablen. Dann werden die Vektoren i. d. R. komponentenweise miteinander verknüpft. Bei unterschiedlich langen Vektoren wird der kürzere so lange wiederholt, bis die Länge des anderen erreicht ist.

Matrizen

Das Labor-Objekt ‚Matrix' wurde in Kapitel 5 nicht besprochen, da es kein eigentlich statistisches Objekt ist. Dennoch haben Matrizen eine große Bedeutung für statistische Berechnungen. Daher ist es von Vorteil, ein solches Objekt zur Verfügung zu haben.

Matrix-Objekte können zuallererst direkt mit Zahlen gefüllt werden. Dazu hat man im Kontextmenü ‚neue Matrix erstellen' auszuwählen. Dann können Zahlen direkt eingegeben werden. Spalten und Zeilen werden gegebenenfalls mit Nullen aufgefüllt, um ein rechteckiges Schema zu gewährleisten.

Matrix-Objekte haben einen Ein- und einen Ausgang. Valide Eingänge sind der Zufallszahlengenerator, der R-Kalkulator, wenn in ihm schon eine Matrix oder ein Datensatz vorhanden ist, und ein Datensatz-Objekt. Ist das Matrix-Objekt an einen Datensatz angehängt, so wird der Inhalt des Datensatzes direkt durchgereicht. Dabei gehen die zusätzlichen Eigenschaften wie Variablennamen und Objektbezeichnungen verloren. Dies ist in der Abbildung 6.4 illustriert. In beiden R-Kalkulatoren wurde `print(D20)` aufgerufen.

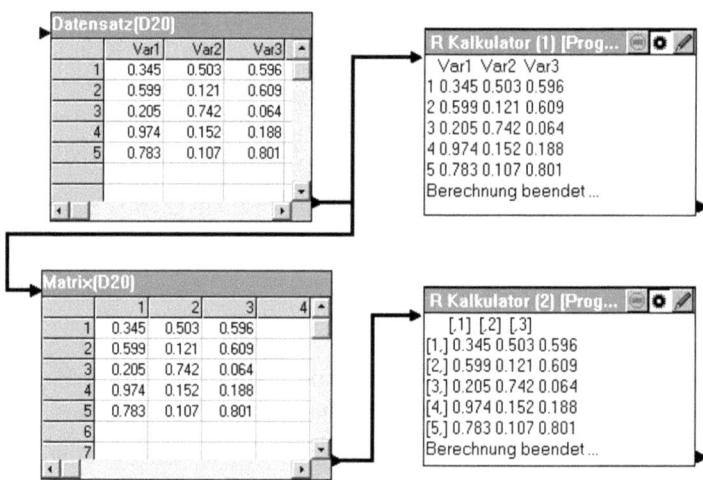

Abbildung 6.4. Datensatz und Matrix-Objekt

Um im R-Kalkulator eine Matrix zu erzeugen, muss man einen Vektor aller Elemente angeben und erklären, wie viele Zeilen und Spalten die Matrix haben soll:

6.3 Berechnungen im R-Kalkulator

```
a <- 1:10; b <- matrix(a,nrow=2,ncol=5); print(b)
     [,1] [,2] [,3] [,4] [,5]
[1,]   1    3    5    7    9
[2,]   2    4    6    8   10
```

Wie das Beispiel zeigt, wird die Matrix spaltenweise aus den Elementen des Vektors aufgebaut. Erst wird die erste Spalte von oben nach unten aufgefüllt, dann die zweite usw. Besitzt der Vektor weniger Elemente als die zu erzeugende Matrix Felder hat, dann wird der Vektor solange wiederholt, bis die Matrix voll ist.

Das Ansprechen einzelner Elemente geschieht wieder über Indizes. Jetzt müssen natürlich zwei angegeben werden; der erste Index steht für die Zeile, der zweite für die Spalte:

```
a <- 1:10; b <- matrix(a,nrow=2,ncol=5); print(b[2,4])
[1] 8
```

Beispiel 6.3 (Zusammenfügen von Vektoren zu einer Matrix)
Mit den in der Tabelle 6.1 angegebenen Funktionen cbind und rbind lassen sich auch unterschiedlich lange Vektoren zu einer Matrix zusammenfügen. Der kürzere wird dabei durch Wiederholung auf die größere Länge gebracht.

```
x<-c(2,2,2,2,6,1)
y<-c(100,200)
  print(cbind(x,y))
     x   y
[1,] 2 100
[2,] 2 200
[3,] 2 100
[4,] 2 200
[5,] 6 100
[6,] 1 200
```

```
print(rbind(x,y))
  [,1] [,2] [,3] [,4] [,5] [,6]
x   2    2    2    2    6    1
y 100  200  100  200  100  200
```
∎

Sind die Matrizen gleich groß, so werden bei den Operationen wie +, -, *, /, usw. die Berechnungen elementweise ausgeführt. Darüber hinaus stehen die besonderen Rechenoperationen der Matrizenrechnung zur Verfügung. Dazu gehört insbesondere die Matrixmultiplikation %*%. Wie aus der Mathematik bekannt, müssen Matrizen verträglich (conformable) sein, damit die Matrizenmultiplikation ausgeführt werden kann. Sind sie es nicht, so resultiert eine Fehlermeldung:

```
a <- matrix(1:10,nrow=2,ncol=5)
b <- matrix(1:15,nrow=5,ncol=3)
print(a%*%b)
```
```
     [,1] [,2] [,3]
[1,]   95  220  345
[2,]  110  260  410
```
```
print(b%*%a)
```
```
Error in b %*% a : non-conformable arguments
```

Eine Matrix x wird transponiert durch t(x); invertiert wird eine reguläre Matrix mittels solve:

```
a <- matrix(1:10,nrow=2,ncol=5)
b <- a%*%t(a)
c<-solve(b)
print(b%*%c)
```
```
              [,1]           [,2]
[1,]  1.000000e+00   1.705303e-13
[2,] -1.136868e-13   1.000000e+00
```

Zeitreihen

Ist im R-Kalkulator eine Matrix erzeugt worden, so kann daraus im anliegenden Zeitreihenobjekt eine Spalte ausgewählt werden, um sie zu einer Zeitreihe zu machen. Es lassen sich auch mehrere Spalten auswählen; dann hat man eine multivariate Zeitreihe, bei der natürlich die Charakteristika Beginn und Frequenz übereinstimmen. Frequenz meint hier die Anzahl der zeitlich gleichabständigen Beobachtungen pro Einheitsintervall. Bei Monatswerten hätte man eine Frequenz von 12, wenn die Zeiteinheit ‚Jahr' zugrunde gelegt wird. Ein Vektor lässt sich nicht unmittelbar an ein Zeitreihenobjekt übergeben. Entweder muss man im R-Kalkulator daraus zuerst eine Matrix machen oder, eleganter, den Vektor zur Zeitreihe erklären. Das geht einfach mit der Funktion ts:

```
y<-ts(y)
```

Die Zeitreiheneigenschaften (Beginn und Frequenz) können dann im anliegenden Zeitreihenobjekt gesetzt werden.

Neben diesem Weg zur Erzeugung von Zeitreihen ist auch die direkte Erklärung eines Vektors zur Zeitreihe mit den gewünschten Attributen möglich. Dazu sei auf das Kapitel 7.1 verwiesen.

7
Einiges zu R

In diesem und dem folgenden Kapitel wird ein ergänzender Einblick in die Programmiersprache R gegeben. Dies ist sinnvoll, da man bei intensiverer Nutzung des Statistiklabors doch auf Dinge stößt, die merkwürdig erscheinen oder auch Grenzen erreicht, die mit einigen zusätzlichen Kenntnissen von R unschwer zu bewältigen sind. Dabei werden einige Wiederholungen in Kauf genommen. Dies erscheint aber nicht von Nachteil, sondern sollte dem Nutzer helfen, das Neue einfacher aufzunehmen.

Für noch weitergehende Aspekte der Nutzung von und Programmierung in R als hier dargestellt ist von Bedeutung, dass für Anwender R und S-Plus weitgehend identisch sind. Bücher zu S-Plus sind folglich auch für R-Nutzer geeignet. Daher können folgende Bücher empfohlen werden: Crawley (2002), Dalgaard (2002), Dolić (2004), Krause & Olson (2002), Süsselbeck (1993), Venables (2000) sowie Venables & Ripley (2002). Eine sehr schöne weitergehende Darstellung von R ist Ligges (2007).

7.1 Datentypen und Objekte

In R gibt es - wie in jeder Programmiersprache - Objekte von verschiedenem Typ. Die einfachsten sind einzelne Daten; sie können selbst von verschiedenem Typ sein. Dies wird im ersten Abschnitt geklärt. Die folgenden Abschnitte geben eine Übersicht über die wichtigsten Objekte. Komplexere Objekte sind *Klassen* zugeordnet, Datenstrukturen, die für spezielle Anwendungen konzipiert sind. Die wichtigsten Eigenschaften solcher Objekte können mit dem Befehl summary abgefragt werden. Werden sie als Argument in einer Funktion eingegeben, so geschieht ihre Verarbeitung in spezifischer Weise.

Datentypen

Daten in R können vom Typ

- Zahl,
- Wahrheitswert,
- Zeichenkette

sein. In R nennt man den Datentyp eines Objektes mode. Dies ist zugleich der Befehl, mit dem der Datentyp eines Objektes abgefragt werden kann: mode(Objekt).

Zahlkonstanten bestehen aus einem optionalen Vorzeichen und beliebig vielen Ziffern, die durch einen Dezimalpunkt in Vor- und Nachkommastellen unterteilt werden. Der angelsächsischen Konvention gemäß wird ausschließlich der Dezimalpunkt anstelle des im deutschen Sprachraum gebräuchlichen Kommas verwendet. Zusätzlich wird von R auch die Exponentialschreibweise ($1.2e2 = 1.2 \cdot 10^2 = 120$) unterstützt.

Beispiele für Zahlkonstanten sind 1, 13.5674, .04, -45 , 34e-12, pi. Die Konstante pi ist dabei die bekannte Kreiszahl 3.1415926535897931 (usw.). Zusätzlich kennt R die Werte +Inf und -Inf, also $\pm\infty$. Dies ergibt sich z.B. immer, wenn eine von null verschiedene Zahl durch null dividiert wird.

Zeichenketten sind beliebige Folgen von Ziffern, Buchstaben und Sonderzeichen. Konstante Zeichenketten erkennt man an den umschließenden doppelten Ausführungszeichen. Zeichenketten bilden neben den Zahlen die andere Form von Konstanten.

Beispiele sind "Hallo" und "Dies ist ein Test."

Wahrheitswerte sind die Zustände wahr und falsch. Sie werden in R durch die Booleschen Konstanten TRUE und FALSE (kurz T bzw. F) repräsentiert. Auch numerische Konstanten tragen Wahrheitswerte, und zwar den Wert TRUE, wenn die Konstante von null verschieden ist und FALSE, wenn sie gleich null ist.

NA, "Not Available", ist eine keinem dieser Datentypen zugehörige Konstante, die R kennt. NA wird immer dann verwendet, wenn in einem Datensatz ein Wert nicht verfügbar ist. Wenn eine mathematische Operation oder Funktion keinen sinnvollen Wert berechnen kann, wird NaN, "Not a Number" (keine Zahl), ausgegeben.

R-Vektoren

R-Vektoren sind die elementaren Datenobjekte in R. Ein R-Vektor ist eine Folge von gleichartigen Objekten. Vektoren können mit einem Buchstaben bzw. Namen angesprochen werden. Wesentlich für die Generierung von Vektoren ist die Funktion c, mit der Objekte zu einem R-Vektor zusammengefügt werden können.

In der Befehlssequenz

```
a <- c(1,2,3,4)
print(a)
```
```
[1] 1 2 3 4
```

7.1 Datentypen und Objekte

hat a den Datentyp numerischer Vektor und den Inhalt 1,2,3,4. Die Ausgabe von a weist die typische Gestalt auf, dass so viele Elemente eines Vektors wie möglich hintereinander geschrieben werden und die jeweilige Zeile mit der Angabe des Index des ersten Elementes beginnt. Auch wenn die Ausgabe als eine Zeile erscheint, ist a ein R-Vektor, der sich in vielen Umständen wie ein Spaltenvektor verhält.

Neben den numerischen Vektoren gibt es alphanumerische oder Character-Vektoren und logische Vektoren; deren Elemente sind Zeichenketten bzw. Wahrheitswerte. Es ist nicht möglich, verschiedene Datentypen in einem Vektor zu mischen; wie man an der zweiten Ausgabe sieht, interpretiert R dann alle Komponenten als Zeichenketten:

```
print(c(TRUE,TRUE,FALSE))
[1] TRUE TRUE FALSE
print(c(TRUE,1,"regen"))
[1] "TRUE"   "1"      "regen"
```

Matrizen

R-Vektoren sind wie erwähnt die grundlegenden Objekte in R. Matrizen entstehen aus R-Vektoren, indem diesen das Attribut dim und eventuell das optionale Attribut dimnames angeheftet ist. Aus R-Vektoren können mit den folgenden Funktionen Matrizen erzeugt werden:

matrix(x,z,s)   Ordnet einem Vektor die Dimension (z,s) zu; m. a. Worten: matrix transformiert einen Vektor x in eine Matrix vom Typ (z,s).

dim(x)<-c(z,s)   Transformiert einen Vektor x in eine Matrix vom Typ (z,s).

diag(x)   Erzeugt eine Diagonalmatrix, bei der x auf der Diagonale steht.

cbind(x,y)   Setzt Vektoren (und Matrizen) nebeneinander zu einer Matrix zusammen.

rbind(x,y)   Setzt Vektoren (und Matrizen) untereinander zu einer Matrix zusammen.

structure(x,y)   Gibt das eingegebene Objekt x mit den in y gesetzten Attributen zurück.

Nicht nur die Konvertierung eines R-Vektors in eine Matrix, sondern auch die Änderung der Dimension einer Matrix und die Abfrage der Dimension einer Matrix ist mit dim möglich:

```
m<-matrix(c(1,2,3,4,5,6),2,3); print(m)
     [,1] [,2] [,3]
[1,]    1    3    5
[2,]    2    4    6
m<-structure(1:6, dim = c(2,3)); print(m)
```

```
     [,1] [,2] [,3]
[1,]   1    3    5
[2,]   2    4    6
```

Einige weitere Beispiele:

```
x <- 1:12; dim(x) <- c(3,4)
print(x)
     [,1] [,2] [,3] [,4]
[1,]   1    4    7   10
[2,]   2    5    8   11
[3,]   3    6    9   12
print(dim(x))
[1] 3 4
x<-1:3; y<-4:6; z<-cbind(x,y); print(z)
     x y
[1,] 1 4
[2,] 2 5
[3,] 3 6
```

Mit `is.matrix` stellt man fest, ob ein Objekt eine Matrix ist. Bezogen auf das zuletzt erstellte Objekt z:

```
print(is.matrix(z))
[1] TRUE
```

Es muss darauf hingewiesen werden, dass R-Vektoren keine Zeilen- oder Spaltenvektoren im herkömmlichen Sinne sind. Solche sind einfach Matrizen der Dimension (1,n) bzw. (n,1).

Faktoren

In vielen Fällen sind die statistischen Daten in Gruppen unterteilt. Beispiele sind Preiserhebungen nach Bundesländern, soziale Schichten, Gruppen von Probanden, bei denen jeweils die gleiche Therapie angewendet wurde. Diese Unterteilung wird typischer Weise durch eine Indikatorvariable gekennzeichnet. Numerische Indikatorvariablen sollten in R zu Faktoren gemacht werden. Dies ist für manche Auswertungen essentiell; ohne die Konvertierung zu einem Faktor kann das Ergebnis falsch werden. (Genauer: man führt dann gar nicht die gewünschte Analyse durch.)

Die Transformation eines numerischen Vektors in einen Faktor geschieht mit dem Befehl `factor`. Den Werten, oder wie man in der Varianzanalyse auch sagt, Stufen des Faktors, können Bezeichnungen oder Labels zugeordnet werden.

```
gruppe <- c(1,1,1,1,1,2,2,2,3,3,3,3,3)
fgruppe <- factor(gruppe,levels=1:3)
levels(fgruppe) <- c("niedrig","mittel","hoch")
```

7.1 Datentypen und Objekte

Listen

Bisweilen ist es nützlich, verschiedene Objekte zu einem neuen zusammenzufassen. Dies lässt sich mit der Funktion `list` bewerkstelligen, welche Objekte zu Listen zusammenfasst:

- `out<-list(objekt1,objekt2,objekt3)`

Getrennt können die in der Liste zusammengefassten Objekte angesprochen werden durch Angabe des Namens der Liste und dem hinten angefügten Objektnamen. Diese beiden Teile sind durch ein $-Zeichen zu verbinden:

- `print(out$objekt2)`

Viele der in R zur Verfügung stehenden Funktionen berechnen mehr als nur ein einzelnes Ergebnis. Dann erfolgt die Ausgabe der Ergebnisteile in der Form einer Liste, die diese als Objekte enthält.

Beispiel 7.1 (Erstellung und Ausgabe einer Liste)
Die Matrix der Prozentanteile von Menschen mit Insomnien nach Altersgruppen soll mit dem Vektor der Prozentanteile dieser Altersgruppen an der gesamten Bevölkerung verbunden werden. (Quelle: Max-Planck-Institut für Psychiatrie und Statistisches Jahrbuch.) In den folgenden Anweisungen wird eine Matrix `insom` erzeugt, die pro Zeile für jede Altersgruppe die Angaben für schwere, mittelgradige, leichte und keine Insomnien enthält. Die Altersgruppen sind 16 bis unter 20, 20 bis unter 30, 30 bis unter 40, 40 bis unter 50, 50 bis unter 60, 60 bis unter 70, 70 bis unter 80 sowie 80 und älter. Dem Vektor `bev` werden die Anteile dieser Altersgruppen an der Bevölkerung zugewiesen:

```
insom<-c(0.011,0.023,0.037,0.050,0.066,0.053,0.071,0.107,
         0.028,0.065,0.104,0.118,0.146,0.128,0.168,0.185,
         0.073,0.077,0.090,0.102,0.110,0.112,0.119,0.107,
         0.888,0.835,0.769,0.730,0.678,0.707,0.642,0.601)
insom<-matrix(insom,8,4)
bev<-c(0.0664,0.1704,0.1746,0.1652,0.1508,0.1284,0.0973,
       0.0460)
schlaf<-list(stoerung=insom,gruppe=bev)
```

Das Ausgeben der Liste `schlaf` stellt sich nun folgendermaßen dar:

- `print(schlaf)`

```
$stoerung
      [,1]  [,2]  [,3]  [,4]
[1,] 0.011 0.028 0.073 0.888
[2,] 0.023 0.065 0.077 0.835
[3,] 0.037 0.104 0.090 0.769
[4,] 0.050 0.118 0.102 0.730
```

```
[5,]  0.066  0.146  0.110  0.678
[6,]  0.053  0.128  0.112  0.707
[7,]  0.071  0.168  0.119  0.642
[8,]  0.107  0.185  0.107  0.601
$gruppe
[1]  0.0664  0.1704  0.1746  0.1652  0.1508  0.1284  0.0973  0.0460
```

Auch einzeln können die Teile der Liste angesprochen werden:

📝 `print(schlaf$gruppe)`

▣ `[1]  0.0664  0.1704  0.1746  0.1652  0.1508  0.1284  0.0973  0.0460`

■

Datensätze

Datensätze bilden den Ausgangspunkt der meisten statistischen Aktivitäten. Bei Datensätzen sind die Beobachtungen mit den Variablenbezeichnungen verknüpft. Die Beobachtungen sind in einem rechteckigen Schema angeordnet, so dass die Zeilen jeweils eine Beobachtungseinheit repräsentieren. In den Spalten sind jeweils die zu einer Variablen gehörigen Beobachtungen angeordnet. Die Variablen können fantasievolle Namen tragen wie etwa Ozon, Geschlecht oder Zigarette; sie können aber auch einfach mit V01, V02 usw. bezeichnet sein.

Ein weitere wichtiger Unterschied zu Matrizen besteht darin, dass die Spalten von unterschiedlichem Typ sein können, also numerisch, Faktorstufen oder Zeichenketten.

Alternativ zum Einlesen mit dem Datensatzimport gibt es die Möglichkeit, Datensätze aus ASCII-Dateien direkt in einen R-Kalkulator einzulesen. Zum Einlesen dient der Befehl `read.table`. Bei Verwendung dieser Funktion brauchen die ASCII-Dateien nicht in die Struktur gebracht zu werden, die für den Datensatzimport notwendig ist. Die Zeilen mit `data_frame`, `row:` und `column:` entfallen, Trennzeichen sind einfach Leerzeichen. Als erstes Argument ist die Datei mit vollständig spezifiziertem Pfad in Gänsefüßchen anzugeben; Backslashes sind dabei zu doppeln. Die erste Zeile des Datensatzes kann die Bezeichnungen der Variablen enthalten; dann ist als zweites Argument `header=TRUE` anzugeben. Die Voreinstellung für dieses Argument ist `header=FALSE`; daher kann es entfallen, wenn keine Variablenbezeichnungen in der ASCII-Datei aufgeführt sind.

Besteht der Datensatz aus mehr als einer Spalte, also aus mehreren Variablen, so interessiert natürlich die Möglichkeit, die Variablen einzeln anzusprechen. Dies kann wie bei Listen durch die Angabe der Variablen geschehen, die durch ein $-Zeichen mit dem Namen des Datensatzes verbunden ist, etwa `dat$var`, wenn `dat` der Name des Datensatzes und `var` der Name der Variablen ist. Alternativ dazu lassen sich die Variablen des Datensatzes mittels `attach` als einfache Datenvektoren zur Verfügung stellen.

7.1 Datentypen und Objekte

Beispiel 7.2 (Laden eines Datens. und Ansprechen der Variablen)
Im November 2001 veröffentlichte die Zeitschrift DMEuro folgende Ergebnisse aus einer europäischen Studie:

Land	:	Hauptsitz der Firma
Inter	:	Internationalität (gemessen als außereuropäischer Umsatzanteil in Prozent)
Finanz	:	Finanzkraft (gemessen in Eigenkapitalquote in Prozent)
Inno	:	Innovationsfähigkeit (gemessen in durchschnittlichen Patenten der vergangenen Jahre)
Marke	:	Markenstärke (Kennzahl gemäss Fortune-Ranking)
Gesamt	:	Gesamtbewertung in der Studie

Dieser Datensatz wird mit `read.table` im R-Kalkulator eingelesen. Die dann folgenden Befehlszeilen geben beide den Inhalt der Variablen Land aus:

```
firmen<-read.table("a:firmen.dat",header=TRUE)
print(firmen$Land)
attach(firmen); print(Land)
```

Wie bei Matrizen kann über die in eckigen Klammern angegebenen Indizes auf Teile eines Datensatzes zugegriffen werden.

Aus einer Matrix lässt sich leicht ein Datensatz machen. Dazu ist sie zuerst mit der Funktion `data.frame` zum Datensatz zu erklären. Dann können den Spalten, also den Variablen, wahlweise Namen zugeordnet werden. Auch für die Zeilen, d.h. den Beobachtungseinheiten, ist dies möglich. Ohne diese Erklärungen werden die Variable einfach X1, X2 usw. genannt und die Zeilen durchnummeriert.

Beispiel 7.3 (Datensatz aus einer Matrix)
Das Beispiel 7.1 wird fortgesetzt. Dort wurde die Matrix `insom` ezeugt. Daraus wird nun ein Datensatz gemacht.

```
dat<-data.frame(insom)
colnames(dat)<-c("schwer","mittel","leicht","keine")
rownames(dat)<-c("16-19","20-29","30-39","40-49","50-59",
    "60-69","70-79","80+")
print(dat)
```

```
       schwer mittel leicht keine
16-19  0.011  0.028  0.073  0.888
20-29  0.023  0.065  0.077  0.835
30-39  0.037  0.104  0.090  0.769
40-49  0.050  0.118  0.102  0.730
50-59  0.066  0.146  0.110  0.678
60-69  0.053  0.128  0.112  0.707
70-79  0.071  0.168  0.119  0.642
80+    0.107  0.185  0.107  0.601
```

Zeitreihen

Das Attribut für Zeitreihen ist `tsp`. Damit werden die Parameter von Zeitreihen gehalten: start, end, und frequency (=Anzahl von Beobachtungen pro Zeitintervall). Diese Konstruktion wird hauptsächlich verwendet, um Reihen mit periodischen Unterstrukturen wie Monats- oder Quartalsdaten zu erstellen und zu bearbeiten.

Einen Vektor kann man einfach mit dem Befehl `ts` zur Zeitreihe machen. Eine Variable in einem Datensatz ist allerdings zuerst mit dem Befehl `as.vector` als Vektor zu erklären. Ohne optionale Argumente der Funktion `ts` hat die Zeitreihe dann den Beginn 1, den Endpunkt der durch die Anzahl der Elemente des Vektors gegeben ist, und die Frequenz 1. Über die optionalen Argumente lassen sich diese Eigenschaften modifizieren.

Es liege die Variable y in dem Datensatz `fdeath` vor. Mit den folgenden Anweisungen im angehängten R-Kalkulator wird daraus eine Zeitreihe von Monatswerten erzeugt:

```
x <- as.vector(y)
z <- ts(x,start=1974,frequency=12)
```

Wäre die erste Beobachtung nicht der Januar sondern etwa der April, so müsste der Aufruf modifiziert werden:

```
z <- ts(x,start=c(1974,4),frequency=12)
```

Das Ausdrucken der Zeitreihe und das Abfragen ihrer Attribute mit `tsp` führt dann zu:

```
print(z)
```

```
       Jan  Feb  Mar  Apr  May  Jun  Jul  Aug  Sep  Oct  Nov  Dec
1974   901  689  827  677  522  406  441  393  387  582  578  666
1975   830  752  785  664  467  438  421  412  343  440  531  771
1976   767 1141  896  532  447  420  376  330  357  445  546  764
1977   862  660  663  643  502  392  411  348  387  385  411  638
1978   796  853  737  546  530  446  431  362  387  430  425  679
1979   821  785  727  612  478  429  405  379  393  411  487  574
```

```
print(tsp(z))
```

```
[1] 1974.000 1979.917   12.000
```

Die Logik hinter diesen Angaben, speziell dem Endpunkt 1979.917, ist die folgende: Ein Jahr wird als eine Zeiteinheit angesehen. Dieses Zeitintervall wird in 12 gleiche Teile zerlegt. Nun wird der Januar an den Beginn des ersten Teils gesetzt, also an die Stelle 1974+0. Der Februar steht an der Stelle 1974+1/12, dem Beginn des zweiten Teilabschnittes. Dies geht so weiter; beim Dezember 1979 ist man schließlich bei 1979.91666666667= 1979+11/12.

7.2 Operatoren und Funktionen

Mathematische Operatoren

R unterstützt die folgenden binären mathematischen Operationen:

        a + b   Addition
        a - b   Subtraktion
        a * b   Multiplikation
        a / b   Division
        a ^ b   Potenzierung
        a %% b   Divisionsrest
        a %/% b Ganzzahlige Division (Division ohne Rest)

Es darf zunächst jeweils nur ein Befehl auf einer Zeile stehen. Ein Semikolon erfüllt allerdings auch die Funktion eines Zeilenumbruchs; somit können mehrere Befehle jeweils durch ein Semikolon getrennt hintereinander platziert werden.

Eine Alternative zum `print`-Befehl ist der Befehl `cat`. Er erlaubt es, mehrere Ausdrücke in einer Zeile auszugeben. Allerdings wird auch ganz zuletzt der Zeilenumbruch unterdrückt. Daher sollte man die Zeile bis zum Ende mit Leerzeichen auffüllen, so dass dadurch ein Zeilenumbruch erzwungen wird. Dies kann durch die zusätzliche Angabe von ‚`fill=TRUE` bzw. ‚`"\n"` im `cat`-Befehl erreicht werden:

    📝 `cat(1+1,3-3)`
    🖥 `2 0 Berechnung beendet ...`

    📝 `cat(1+1,3-3,fill=TRUE)`
    🖥 `2 0`
         `Berechnung beendet ...`

Zunächst werden die auszugebenden Objekte nur durch ein Leerzeichen voneinander getrennt. Dies kann durch die Angabe eines Separators, eines Zeichens, das zwischen je zwei benachbarte Ausdrücke gesetzt werden soll, geändert werden:

    📝 `cat(1+1,3-3,sep=", ","\n")`
    🖥 `2, 0,`
         `Berechnung beendet ...`

Über die genannten Operatoren können sowohl zwei Konstanten oder Variablen vom Datentyp Zahl, wie auch eine Zahl und ein Vektor sowie zwei Vektoren miteinander verknüpft werden. Sind beide Operanden Zahlen, so ist das Ergebnis wiederum eine Zahl. Ist zumindest einer der beiden Operanden ein Vektor, so ist auch das Ergebnis ein Vektor.

Bei der Verknüpfung eines Vektors mit einer Zahl wird jedes Element des Vektors mit der Zahl verknüpft. Ist die Verknüpfung nicht möglich, so wird

in den Resultatsvektor an dieser Stelle NaN eingefügt; das Ergebnis ist keine
Zahl. Bei einer Division durch Null wird der Wert ±Inf ausgegeben.

```
print(1:4 + 2)
[1] 3 4 5 6
print((2:-1)^0.5)
[1] 1.414214 1.000000 0.000000      NaN
c(-1:1) /0
[1] -Inf  NaN  Inf
```

Bei Durchführung einer mathematischen Operation auf zwei Vektoren L1 und
L2 besteht der Ergebnisvektor aus (L11 op L21, L12 op L22, ... L1n op L2n).
Der Ergebnisvektor ist so lang wie der längere der beiden Eingangsvektoren.
Ist einer der Operanden kürzer als der andere, so wird er mehrfach hintereinander gesetzt.

```
print(1:4 + 1:4)
[1] 2 4 6 8
print(1:4 * 1:4)
[1]  1  4  9 16
print(1:4 + 1:8)
[1]  2  4  6  8  6  8 10 12
print(1:4 + 1:5)
[1] 2 4 6 8 6
Warning message:
longer object length
is not a multiple of shorter object length in: 1:4 + 1:5
```

Im letzten Fall wird wie angezeigt eine Warnung ausgegeben, dass die Längen
der Vektoren sich nicht um ein ganzzahliges Vielfaches unterscheiden.

Vergleichsoperatoren

Neben den oben aufgeführten mathematischen Operationen kennt R eine Reihe von Vergleichsoperatoren, die jeweils einen booleschen Wert bzw. einen
Vektor von booleschen Werten zurückliefern. Für skalare Werte (Zahlen, boolesche Werte und Zeichenketten) sind diese Operatoren wie folgt definiert:

a < b   T, wenn a kleiner als b ist.
a <= b T, wenn a kleiner oder gleich b ist.
a == b T, wenn a gleich b ist.
a != b T, wenn a ungleich b ist
a >= b T, wenn a größer oder gleich b ist.
a > b   T, wenn a größer als b ist.

7.2 Operatoren und Funktionen

Bei der Durchführung einer Vergleichsoperation auf einen Vektor und einen skalaren Wert, wird jedes Element des Vektors mit diesem Wert verglichen und ein entsprechender Resultatsvektor zurückgeliefert:

```
print(1:8 < 4)
```
```
[1] TRUE  TRUE  TRUE FALSE FALSE FALSE FALSE FALSE
```

Der Vergleich zweier Vektoren führt wie bei den arithmetischen Operationen zu einem komponentenweisen Vergleich der Werte beider Vektoren.

Boolesche Operatoren

!a   Negation
a & b   Und
a | b   Oder

Der *Negationsoperator* ! negiert einen booleschen Wert bzw. alle Werte eines Vektors von booleschen Werten:

```
print(!(1:8 < 4))
```
```
[1] FALSE FALSE FALSE  TRUE  TRUE  TRUE  TRUE  TRUE
```

Die booleschen Operatoren & (und) und | (oder) führen eine boolesche Verknüpfung auf zwei Skalaren bzw. einem Skalar und einem Vektor bzw. zwei Vektoren durch. Hierbei werden die nicht-booleschen Datentypen wie folgt interpretiert:
0 hat den Wert FALSE, alle anderen Zahlen haben den Wert TRUE. Die leere Zeichenkette " " hat den Wert FALSE, alle anderen Zeichenketten haben den Wert TRUE. NA hat immer den Wert FALSE. Die Verknüpfung von Vektor und Skalar, bzw. von zwei Vektoren geschieht wie bei den arithmetischen Operatoren durch paarweise Verknüpfung:

```
a <- 1:8; b <- (a < 6) & (a > 2); print(b)
```
```
[1] FALSE FALSE  TRUE  TRUE  TRUE FALSE FALSE FALSE
```

Funktionen

Wie bei jeder anderen Programmiersprache wird auch der R-Sprachumfang durch eine Reihe von Funktionen ergänzt. Einige wurden schon in der bisherigen Beschreibung angegeben. Allgemein geschieht der Aufruf einer Funktion in R wie folgt:

```
funktionsname(argumente)
```

Funktionen können dabei auch keine oder optionale Argumente sowie dynamische Argumentlisten (d.h. die Anzahl der Argumente ist nicht festgelegt) besitzen. Zusätzlich unterstützt R Options-Argumente, mit denen die Ausführung einer Funktion gesteuert werden kann. Wenn die Optionsargumente nicht mit angeführt sind, werden die Voreinstellungen verwendet.

So sind `mean(y)` und `mean(y, rm.na=TRUE)` legitime Aufrufe der Funktion mean. `rm.na` ist dabei ein Wahrheitswert, der angibt, ob fehlende Werte entfernt werden sollen, bevor das arithmetische Mittel berechnet wird. Weitergehend gibt es noch die Option `trim`. Mit dem Befehl `mean(y,trim=0.1, rm.na=TRUE)` wird das getrimmte arithmetische Mittel der Werte aus y berechnet, wobei die 10% der kleinsten und 10% der größten Werte entfernt werden.

Die wichtigsten Funktionen sind im dritten Teil dieses Buches aufgeführt und dem R-Standard entsprechend beschrieben. Eine komplette Liste der zur Verfügung stehenden Funktionen mit ihren Optionen bekommt man über die Hilfe. Hier ist der Menüpunkt ‚R Reference' auszuwählen. Dies öffnet die Datei refman.pdf. Der Abschnitt ‚The base package' enthält dann die angesprochene Liste.

Indizierung

Man kann auf Teile oder einzelne Elemente eines Vektors oder einer Matrix zugreifen, um sie auszuwählen bzw. zu entfernen. Dies geschieht durch die Indizierung, die Angabe der Indizes innerhalb eckiger Klammern. Da in der mathematischen und statistischen Literatur die Indizes vornehmlich als Subskripte notiert werden, spricht man hier auch von Subskription. Bei Vektoren ergeben sich folgende Möglichkeiten:
Die Indizierung erfolgt gemäß `Vektor[a]`. Bei a kann es sich um einen Vektor mit positiven oder negativen Komponenten handeln oder um einen Vektor von booleschen Werten.
Ist a eine positive Zahl, so wird bei einem Vektor das an der entsprechenden Stelle stehende Element ausgewählt. Das erste Element eines Vektors hat dabei den Index 1. Bei nicht ganzzahligen Indizes wird abgerundet. Ist a ein Vektor von positiven Werten, so werden diese als Liste von Indizes interpretiert, und die entsprechenden Elemente werden ausgewählt.
Da das Komma für die Trennung der Dimensionen bei Matrizen dient, darf es nicht zur Trennung von Indizes eines Vektors verwendet werden. Ist der angegebene Index größer als die Länge des Vektors, so ist das Ergebnis der Operation `NA`:

```
A <- 3:8
print(A[2])
[1] 4
print(A[9])
[1] NA
print(A[2:4])
[1] 4 5 6
print(A[1,3])
Error in A[1, 3] : incorrect number of dimensions
```

7.2 Operatoren und Funktionen

```
print(A[c(2:4,9)])
```
```
[1] 4 5 6 NA
```

Wird ein negativer Index angegeben, so ist das Resultat ein Vektor, aus dem das an dieser Stelle befindliche Element entfernt wurde. Ist der Betrag des angegebenen negativen Index größer als die Länge des Vektors, so gibt R eine Fehlermeldung aus. Es gilt die Einschränkung, dass alle Indizes entweder positiv oder negativ sein müssen:

```
A <- 3:8
print(A[-2])
```
```
[1] 3 5 6 7 8
```
```
print(A[-9])
```
```
Error: subscript out of bounds
```
```
print(A[-2:-4])
```
```
[1] 3 7 8
```
```
print(A[c(-1,-3)])
```
```
[1] 4 6 7 8
```
```
print(A[c(-1,3)])
```
```
Error: only 0's may mix with negative subscripts
```

Anstelle von numerischen Indizes können auch Vektoren von booleschen Werten verwendet werden. Hierbei werden aus dem indizierten Vektor nur die Elemente ausgewählt, deren Pendant im Indexvektor den Wert TRUE hat. Ist der Indexvektor kürzer als der indizierte Vektor, so findet wie schon bei den arithmetischen Operatoren ein ‚wrap around' statt:

```
a <- 1:6
print(a[c(T,F,F,T,F,T)])
```
```
[1] 1 4 6
```
```
print(a[c(T,F)])
```
```
[1] 1 3 5
```

Weiterhin ist es erlaubt, als Index einen beliebigen Ausdruck zu verwenden, der in einem Vektor von booleschen Werten resultiert. Dies gilt speziell für Größer-, Gleich- und Kleiner-Relationen:

```
a <- 1:6
print(a[a<4])
```
```
[1] 1 2 3
```
```
print(a[a==4])   # zwei Gleichheitszeichen!
```
```
[1] 4
```
```
print(a[a>=2])
```
```
[1] 2 3 4 5 6
```

Bei Matrizen gibt es eine Zeilen- und eine Spaltendimension. Es sind also zur Indizierung zwei Angaben zu machen; diese werden durch ein Komma getrennt. Dann wird auf die jeweiligen Zeilen bzw. Spalten zugegriffen. Das Komma muss angeführt werden. Werden nur Indizes vor dem Komma spezifiziert, so betrifft die Auswahl die ganze(n) vor dem Komma spezifizierten Zeile(n). Entsprechendes gilt für die Angabe von Indizes nach dem Komma bzgl. der Auswahl der ganzen nach dem Komma spezifizierten Spalte(n):

M[a,], M[,b], M[a,b]

Bei a und b kann es sich um einen Vektor mit positiven oder negativen Komponenten oder um einen Vektor von booleschen Werten handeln. Auch hier dürfen innerhalb eines Vektors von Indizes positive und negative Werte nicht gemischt werden. Ansonsten gelten die für Vektoren angegebenen Regeln.

Matrix-Operationen

Matrizen können wie üblich mittels * mit Skalaren multipliziert werden. Das eigentliche Matrizenprodukt ist %*% . Die Transponierung einer Matrix A wird durch t(A) geleistet. Die Inverse einer regulären Matrix erhält man mit solve:

```
A<-matrix(c(1:6),2,3)  # Vektor der Zahlen 1 bis 6 in eine
                       # (2,3) Matrix verwandeln
B<-t(A)                # Transponierung der Matrix A
print(B)
```
```
     [,1] [,2]
[1,]   1    2
[2,]   3    4
[3,]   5    6
```
```
print(B %*% A)         # Matrizenprodukt von B mit A
```
```
     [,1] [,2] [,3]
[1,]   5   11   17
[2,]  11   25   39
[3,]  17   39   61
```
```
C <- matrix(c(1, 3, -1, 10),2,2)
print(solve(C))                          # Inverse von C
```
```
           [,1]       [,2]
[1,]  0.7692308 0.07692308
[2,] -0.2307692 0.07692308
```

Mittels apply lässt sich eine Funktion, die eigentlich für Vektoren gedacht ist, auf alle Zeilen oder Spalten einer Matrix simultan anwenden:

7.2 Operatoren und Funktionen

```
A<-matrix(c(1:6),2,3)
print(apply(A,1,sum))      # Summe über die Zeilen
[1]  9 12
print(apply(A,2,sum))      # Summe über die Spalten
[1]  3  7 11
```

Dass Matrizenoperationen zur Verfügung stehen, führt dazu, dass man möglichst viele der bei einer Berechnung auszuführenden Operationen als Matrix-Operationen schreibt.

Beispiel 7.4
Die folgenden Befehle erzeugen eine Matrix **X**, bestimmen die Randsummen und den Wert der χ^2-Teststatistik für den Test auf Unabhängigkeit:

```
X<-1:24 ; dim(X)<-c(4,6) ; print(X)
     [,1] [,2] [,3] [,4] [,5] [,6]
[1,]    1    5    9   13   17   21
[2,]    2    6   10   14   18   22
[3,]    3    7   11   15   19   23
[4,]    4    8   12   16   20   24
r<-apply(X,1,sum)         # Zeilensummen
u<-apply(X,2,sum)         # Spaltensummen
E<-r %*% t(u)/sum(X)      # Matrizenprodukt des Spaltenvektors r
                          # mit dem Spaltenvektor t(u) ergibt
                          # die Matrix der elementweisen Produkte
XE<-(X-E)^2               # quadrierte elementweise Differenzen
X2<-XE/E                  # elementweise Division
print(sum(X2))            # Summierung aller Elemente
[1] 1.705138
```

■

Speziell ist die Verknüpfung von R-Vektoren mit Matrizen. Wird ein R-Vektor x mittels * mit einer Matrix a multipliziert, so geschieht das elementweise, und zwar so, dass die erste Zeile der Matrix mit dem ersten Element des R-Vektors durchmultipliziert wird, die zweite Zeile mit dem zweiten Element usw. Das geht nicht, wenn x ein ‚normaler' Vektor ist, also eine einzeilige oder einspaltige Matrix:

```
A<-matrix(c(1:6),2,3)
print(c(4,5)*A)
     [,1] [,2] [,3]
[1,]    4   12   20
[2,]   10   20   30
```

Will man diese Operation mit einer einspaltigen oder einzeiligen Matrix durchführen, so ist sie zuerst in einen R-Vektor zu verwandeln. Das geschieht mit as.vector:

```
A<-matrix(c(1:6),2,3); x<-as.vector(A[,1]); print(x*A)
     [,1] [,2] [,3]
[1,]   1    3    5
[2,]   4    8   12
```

Für etliche Anwendungen ist es günstig, dass das äußere Produkt %o% zur Verfügung steht. Bei zwei Vektoren wird dadurch eine Matrix der komponentenweisen Produkte erzeugt:

```
x<-c(1:3)
y<-c(1,3,5,7)
print(x%o%y)
     [,1] [,2] [,3] [,4]
[1,]   1    3    5    7
[2,]   2    6   10   14
[3,]   3    9   15   21
```

7.3 Weitergehende Nutzung von R

Bedingte Anweisungen und Schleifen

Simulationen sind ein probates Mittel, um Eigenschaften statistischer Methoden zu veranschaulichen und zu untersuchen. Diese beruhen darauf, dass die gleiche Anweisungsfolge wiederholt ausgeführt wird. Dazu benötigt man Kontroll-Strukturen, die den Fluss der Berechnungen regeln. R kennt zwei Arten von Kontroll-Strukturen, nämlich Schleifen und bedingte Anweisungen.
Die einfachste Form der *Schleife* in R ist die while-*Anweisung*. Hier folgt in einer in runde Klammern gesetzten Bedingung die auszuführende(n) Operation(en) in geschweiften Klammern. Diese in den geschweiften Klammern angegebene Anweisung (oder Menge von Anweisungen) wird solange ausgeführt, wie die Bedingung wahr ist:

```
while (Bedingung) { Anweisungen }
```

Die folgende Sequenz verdeutlicht dies beispielhaft:

```
i <- 1; while (i < 4) { i <- i + 1; print(i) }
[1] 2
[1] 3
[1] 4
Berechnung beendet ...
```

Diese Schleife wird also genau dreimal durchlaufen. Im letzen Durchlauf bekommt i den Wert 4; daher wird die weitere Bearbeitung gestoppt.

7.3 Weitergehende Nutzung von R

Eine weitere Form der Schleife in R ist die `for`-*Schleife*. Die Syntax der for-Anweisung ist sehr elegant:

        `for (Variable in Vektor) { Anweisungen }`

Die Laufvariable `Variable` nimmt nacheinander die Werte von `Vektor` an, d.h. beim ersten Schleifendurchlauf hat sie den Wert des ersten Vektorelements, beim zweiten den Wert des zweiten und so weiter:

```
for(i in 1:5) print(1:i)
[1] 1
[1] 1 2
[1] 1 2 3
[1] 1 2 3 4
[1] 1 2 3 4 5
Berechnung beendet ...
```

Besteht die Anweisung nur aus einem einzigen Befehl, so kann wie in diesem Beispiel auf die geschweiften Klammern verzichtet werden.

Die Anweisung `break` führt zum unmittelbaren Verlassen einer Schleife, die Anweisung `next` zum Beenden des aktuellen Schleifendurchlaufs.

Bedingte Anweisungen werden über die `if`-Anweisung realisiert:

  `if (Bedingung) { Anweisungen }`

Die in den geschweiften Klammern enthaltenen Anweisungen werden nur ausgeführt, falls die angegebene Bedingung wahr ist, d.h. den Wert TRUE besitzt. Optional kann die if-Anweisung auch einen *else*-Zweig enthalten, der ausgeführt wird, wenn die Bedingung falsch ist:

        `if (Bedingung) { Anweisungen } else { Anweisungen }`

Ein einfaches Beispiel für eine solche `if`-Anweisung ist etwa:

  `if (x==10) { k <- x+1 } else { k <- x-1 }`

Eigene Funktionen

Das Schreiben von eigenen Funktionen macht vor allem Sinn, wenn man häufiger die gleiche Anweisungsfolge bei eventuell unterschiedlichen Parameterkonstellationen ausführen will. Um eine Funktion zu schreiben, sind die Befehle mit einem einfachen Texteditor als Text (ohne jede Formatierung) zu schreiben. In dem Editor wird dann die Funktion geschrieben und als ‚Source-Code' in einer externen Datei mit der Dateierweiterung r abgespeichert. (Die externe Datei kann auch mehrere selbstdefinierte Funktionen enthalten.) Diese Funktion steht nicht automatisch zur Verfügung. Sie muss vielmehr erst mit der Befehlszeile

    `source("c:/d/myr/myfunc.r")`

initialisiert werden. Hierbei ist angenommen, dass die Funktion MeineFunktion in der Datei myfunc.r abgespeichert wurde. Dabei steht die Funktion nur in dem R-Kalkulator bereit, in dem diese Zeile eingefügt wurde.

Alternativ erhält man über den Menüpunkt ‚Projekt' im Unterpunkt ‚Bibliotheken' Zugang zu der Datei. Dazu ist ‚neue Bibliothek laden' anzuklicken und auf das entsprechende Verzeichnis zu gehen. Die Markierung der Datei und das Anklicken des Öffnen -Buttons stellt die in der Datei gespeicherte Funktion zur Verfügung. Dies gilt dann für alle R-Kalkulatoren auch der folgenden Sitzungen.

Definiert wird eine Funktion entsprechend der folgenden Struktur:

```
MeineFunktion <- function(Argumente) { Anweisungen }
```

Beispiel 7.5 (Standardfehler des Median mit dem Bootstrap)
Eine Funktion zur Bestimmung des Standardfehlers des Median mit dem Bootstrap-Verfahren kann folgendermaßen aussehen:

```
sdmedian <- function(x,B)
 {
  n <- length(x)
  m <- rep(0,B)
  for(b in 1:B)
   {
    x1 <- sample(x,n,replace=TRUE)
    m[b] <- median(x1)
   }
  sd(m)
 }
```

Diese Funktion sei nun in der Datei `sdmed.r` abgespeichert worden. Mit

```
source("c:/statlab/sdmed.r")
```

steht sie dann für die aktuelle Sitzung in dem zugehörigen R-Kalkulator zur Verfügung.

Es wird nun mittels `y<-rnorm(49)` ein Vektor von 49 standardnormalverteilten Zufallszahlen erzeugt und die Funktion auf diesen Vektor angewendet:

```
source("c:/d/myr/sdmed.r")
y <- rnorm(49)
m<-sdmedian(y,1000)
print(m)
```

```
[1] 0.1521678
```

Der (theoretische) Standardfehler des arithmetischen Mittels beträgt bei diesem Stichprobenumfang übrigens 1/7=0.1428571. ∎

8
R-Grafik

Neben dem ‚Grafik-Wizard' bietet das Labor die Möglichkeit, R-Grafiken direkt zu erstellen. Dies geschieht mittels entsprechender Aufrufe von Grafik-Befehlen im R-Kalkulator. Zum Anzeigen der Grafik muss ein R-Grafik-Objekt, das Grafik-Icon ohne Zauberstab, über einen Konnektor an den R-Kalkulator angehängt sein. Wird der R-Kalkulator mit einem Grafik-Befehl gestartet und ist kein Grafik-Objekt angehängt, so erscheint im R-Kalkulator die Fehlermeldung

```
Error in plot.new() : Figure margins too large
Berechnung beendet ...
```

Hier ist zur Korrektur einfach das R-Grafik-Objekt anzuhängen und der R-Kalkulator neu zu starten.

Im Folgenden wird vorausgesetzt, dass die Befehle in einem R-Kalkulator eingegeben werden, an den ein R-Grafik-Objekt angehängt ist.

Für diesen Weg, Grafiken zu erzeugen, können alle Grafik-Befehle aus R verwendet werden; Einstellungsänderungen bei der Grafik müssen im R-Kalkulator vorgenommen werden. Es ist nicht verwunderlich, dass über diesen Weg im Vergleich zum Grafik-Wizard einige zusätzliche Möglichkeiten zur Erzeugung von Grafiken existieren.

Es gibt etliche Typen von Grafiken, die auf einfache Weise Datensätze bzw. Vektoren oder Matrizen darstellen. Die Grafikfunktionen produzieren dabei Grafik-Typen, die von dem jeweiligen Objekt-Typ der Eingabe abhängen. Diese Grafikfunktionen gehören zu den sogenannten High-Level-Grafikfunktionen. Der Aufruf einer dieser Funktionen führt dazu, dass eine bereits vorhandene Grafik durch eine neue ersetzt wird. Um in einem Grafik-Fenster mehr als eine Grafik unterzubringen, kann der Befehl `par` eingesetzt werden. So wird durch `par(mfrow=c(1,2))` die Grafik senkrecht geteilt. Allgemein gibt bei `par(mfrow=c(r,c))` `r` die Anzahl der untereinander stehenden und `c` die der nebeneinander stehenden Teil-Grafiken an.

8.1 Univariate Daten

Es stehen die im Folgenden aufgeführten Grafik-Typen zur Darstellung univariater Daten bzw. Vektoren zur Verfügung.

High-Level-Grafikfunktionen für univariate Daten	
barplot	Säulendiagramm.
boxplot	Box-Plot.
dotchart	Erzeugt ein Cleveland-Dot-Chart.
hist	Histogramm unter Verwendung von barplot.
pie	Kreisdiagramm.
plot	Je nach Argument ein Indexplot, ein Stabdiagramm oder eine empirische Verteilungsfunktion.
qqnorm	Quantildiagramm für die Normalverteilung.
qqplot	Quantil-Quantil-Diagramm.
stripchart	Eindimensionales Streudiagramm

Das *Säulendiagramm* barplot verlangt als Eingabe einen Vektor von Anteilen oder Anzahlen. Die Säulen werden bei der Voreinstellung vertikal gezeichnet. Bezeichnungen muss man mittels des optionalen Argumentes names.arg selber hinzufügen. Um die Säulen unterschiedlich einzufärben, kann das optionale Argument col gesetzt werden.

▨ barplot(c(5,3,7),names.arg=c("A","B","C"),
    col=c("red","brown","yellow"))

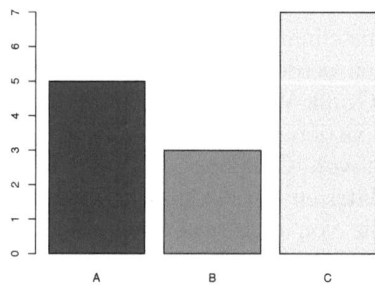

Abbildung 8.1. Ein Säulendiagramm

Die Funktion boxplot zur Erstellung eines *Box-Plots* erwartet als Eingabe einen Datensatz oder eine Liste von Variablen bzw. Vektoren. Bei einer Matrix werden alle Elemente der Matrix in einem einzigen Box-Plot dargestellt. Variablennamen erscheinen beim Box-Plot automatisch als Labels unterhalb der x-Achse. Gibt es keine explizite Angabe von Variablennamen, etwa weil X

8.1 Univariate Daten

eine zum Datensatz konvertierte Matrix ist, so werden die einzelnen Boxplots durchnummeriert.

Sei zum Beispiel `dat` ein Datensatz mit zwei Variablen `V1` und `V2`. Dann erzeugen die beiden folgenden Aufrufe die gleiche Grafik:

- `boxplot(dat)`
- `boxplot(V1,V2)`

Auf Seite 106 ist das Ergebnis für den zweiten Aufruf mit mehr als zwei Variablen zu sehen.

Für einen *Cleveland-Dot-Chart* ist die Eingabe x ein Vektor numerischer Werte (NAs sind zugelassen). Es können auch Labels definiert werden. Sie erscheinen dann am linken Rand des Dot-Charts:

- `dotchart(c(1:5),labels=c("A","B","C","D","E"))`

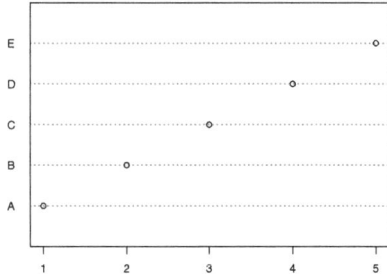

Abbildung 8.2. Ein Cleveland-Dot-Chart

`hist` bietet ein einfaches *Histogramm*. Hier wird als Eingabe neben dem Datenvektor die Angabe der Anzahl der Klassen erwartet. Es kann auch ein Vektor von Klassengrenzen angegeben werden. Dann ist allerdings der gesamte Wertebereich abzudecken; die unterste Klassengrenze muss kleiner oder gleich dem kleinsten Wert in x sein und die oberste größer oder gleich dem größten x-Wert. Die Option `freq` kontrolliert, ob absolute oder relative Häufigkeiten dargestellt werden. Die Voreinstellung verwendet die absoluten Häufigkeiten; bei `freq=FALSE` sind es die relativen.

In der Abbildung 8.3 ist das Ergebnis der folgenden Befehle wiedergegeben. Wie man sieht, wird bei ungleichen Klassenbreiten automatisch auf die Darstellung der relativen Häufigkeiten übergegangen.

```
x<-runif(50)              # 50 gleichverteilte Zufallszahlen
par(mfrow=c(1,3))         # Teilen der Grafik-Ausgabe
hist(x, breaks=10)
hist(x, breaks=10,freq=FALSE)
hist(x, breaks=c(0,0.1,0.25,0.5,0.75,1))
```

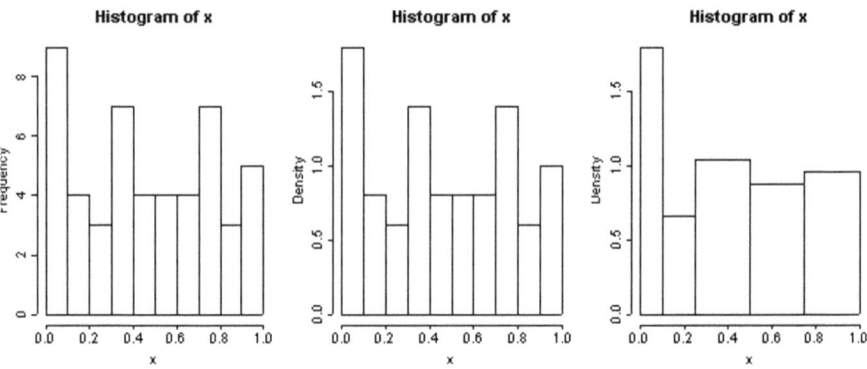

Abbildung 8.3. Verschiedene Histogramme

`pie` stellt einen Eingabevektor in einem *Kreis-* oder *Tortendiagramm* dar. Dazu werden die Werte des Eingabevektors in Anteile der Gesamtsumme aller Werte transformiert. Sie bekommen dann ein entsprechend großes Segment des Kreises zugeordnet. Negative Werte sind folglich nicht zugelassen. Für die Darstellung werden die Kreissegmente der Reihe nach durchnummeriert. Mittels des zusätzlichen Arguments `labels` können die Segmente auch mit Namen etc. versehen werden. Gefällt die standardmäßige Einfärbung der Segmente nicht, können die Farben mit `col` gesetzt werden.

```
x <- c(1:3)
pie(x,labels=c("A","B","C"),col=c("red","blue","green"))
```

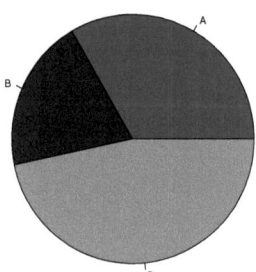

Abbildung 8.4. Ein Kreisdiagramm

Die Funktion `plot` ist sehr mächtig. Im folgenden Abschnitt wird weiter darauf eingegangen. Wird als Argument einfach ein Variablenname eingegeben, so produziert `plot` einen *Indexplot*. Dabei werden die einzelnen Werte einfach hintereinander als Punkte dargestellt. Mit `plot` lässt sich auch leicht ein *Stabdiagramm* darstellen.

8.1 Univariate Daten

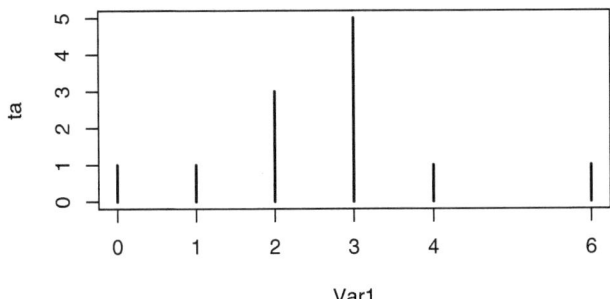

Abbildung 8.5. Stabdiagramm aus einer einfachen Häufigkeitstabelle

Zur Erstellung der Grafik 8.5 produziert man mit der Funktion `table` aus den Werten der Variablen eine einfache Häufigkeitstabelle und lässt sich diese mit `plot` darstellen.

```
Var1<-c(0,2,3,4,1,2,3,3,3,2,3,6)
ta<-table(Var1)
plot(ta)
```

Weiter dient `plot` zur Darstellung der empirischen Verteilungsfunktion. Dies ist auf Seite 84 ausgeführt.

Zudem kann mit `plot` sehr leicht eine elaboriertere Version eines Histogramms, eine sogenannte *Kerndichteschätzung*, erstellt werden. Dazu reicht der Befehl `density`, dem allerdings noch ein Plot-Befehl folgen muss. Die in der Grafik 8.6 mit angegebene Größe Bandwidth ist ein Analogon zur Klassenbreite und wird (sofern nicht vom Nutzer geändert) automatisch bestimmt.

```
Var1<-rnorm(40)   # standardnormalverteilte Zufallszahlen
d<-density(Var1)  # Berechnung der Kerndichteschätzung
plot(d)
```

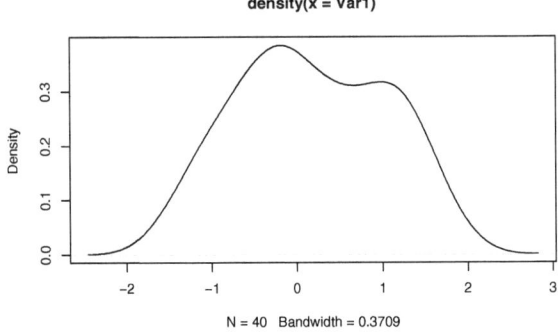

Abbildung 8.6. Kerndichteschätzung

Da der Check auf Normalverteilung zu einem Standardschritt vieler statistischer Auswertungen gehört, gibt es in R eine eigene Funktion für ein *Normalverteilungs-QQ-Diagramm*, qqnorm. Im R-Kalkulator reicht der Aufruf von qqnorm(x) zur Erstellung des QQ-Diagramms für die Variable oder den Vektor x. Es ist aber sinnvoll, mit dem Befehl abline(mean(x),sd(x)) zusätzlich eine Ausgleichsgerade durch das Streudiagramm zu legen. Das vereinfacht die Einschätzung, ob die Punkte systematisch von einer Geraden abweichen. Zu diesem Befehl sei auf den Abschnitt 8.3 verwiesen. Alternativ kann das Streudiagramm mittels qqline(x) mit einer robusten Ausgleichsgerade überlagert werden.

```
x<-rnorm(100)      # 100 standardnormalverteilte Zufallszahlen
qqnorm(x)
abline(mean(x),sd(x))       # Ausgleichsgerade
qqline(x,lty=2)             # robuste Ausgleichsgerade
```

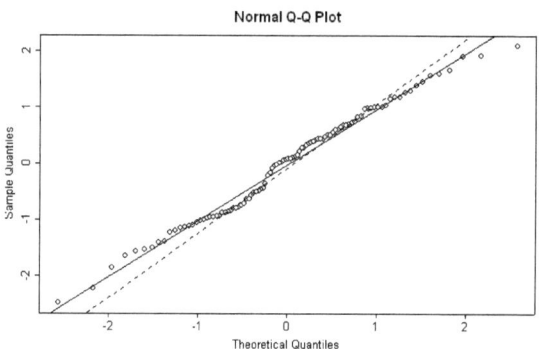

Abbildung 8.7. Normalverteilungs-QQ-Diagramm

qqplot bietet ein *empirisches Quantil-Quantil-Diagramm*. Auch diese Funktion ist einfach aufzurufen. Als Argumente werden zwei Vektoren angegeben. Sie müssen nicht gleich lang sein. Es werden die durch den kürzeren Vektor bestimmten Anteile als p-Werte für die Quantile genommen. Zu beachten ist hier, dass in R Quantile stets über lineare Interpolation ermittelt werden:

```
x <- rnorm(25)     # 25 standardnormalverteilte Zufallszahlen
y <- rnorm(30,mean=0.5) # 30 normalverteilte Zufallszahlen
                   # mit Erwartungswert 0.5
qqplot(x,y)
abline(0,1)
```
Die Grafik ist in der Abbildung 8.8 wiedergegeben.

Mit stripchart kann man *eindimensionale Streudiagramme* erstellen. Dabei können auch mehrere Variablen in einen Chart eingezeichnet werden. Das

8.2 Bivariate und höherdimensionale Daten

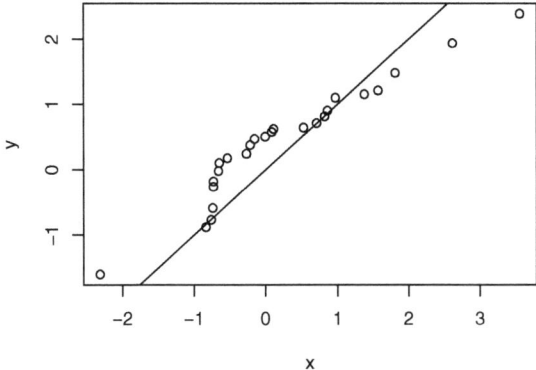

Abbildung 8.8. Empirisches QQ-Diagramm

stellt eine gute Alternative zu Box-Plots dar, wenn die Umfänge der Datensätze kleiner sind.

```
x<-rnorm(20)        # standardnormalverteilte Zufallszahlen
stripchart(x)
```

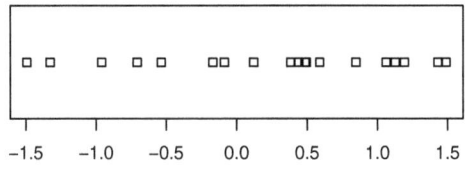

Abbildung 8.9. Ein Strip-Chart

8.2 Bivariate und höherdimensionale Daten

Für die Darstellung bivariater und höherdimensionaler Daten gibt es in R die folgenden Funktionen:

High-Level-Grafikfunktionen für bivariate und höherdimensionale Daten	
contour	Kontourdiagramm.
coplot	Diese Funktion erzeugt zwei Varianten von bedingten Streudiagrammen.
image	Darstellung zwei- oder dreidimensionaler Daten als Bild.
matplot	Darstellung der Spalten einer Matrix gegen die Spalten einer anderen.

pairs	Streudiagrammmatrix.
persp	Dreidimensionale perspektivische Darstellung.
plot	Streudiagramm, Linienzüge etc.
stars	Sternendiagramm multivariater Daten.

Hier soll nur auf die Funktion plot eingegangen werden. Auch pairs wird am Ende des Abschnittes noch angesprochen. Für die anderen sei auf die R-Reference verwiesen, die unter dem Menüpunkt ‚Hilfe' zu erreichen ist.
plot ist die Universalfunktion zur Darstellung bivariater Daten als *Streudiagramm* und für *Linienzüge*. Der Aufruf ist denkbar einfach: Sind x und y gleichlange Vektoren, so wird mit

📝 plot(x,y,type="p")

ein Streudiagramm der (x,y)-Werte erstellt. Die Angabe von type="p" verlangt dabei die Darstellung als Punkte. Möchte man einen Linienzug haben, so ist type="l" anzugeben.
Um etwa die in der Abbildung 8.10 wiedergegebene Sinusfunktion darzustellen, reicht der folgende Befehl:

📝 x<-seq(-pi,pi,by=0.1)   # pi ist die Kreiszahl 3.141593....
   plot(x,sin(x),type="l")

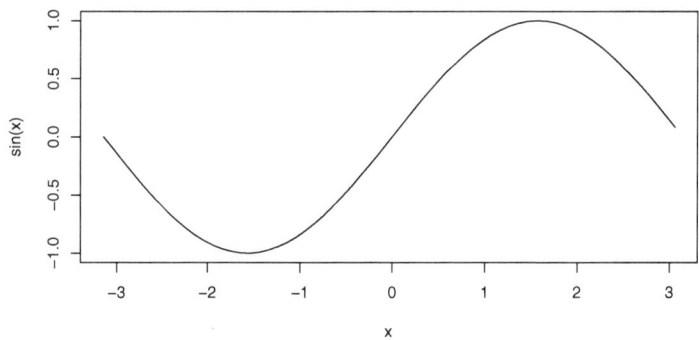

Abbildung 8.10. Sinusfunktion als Linienzug

Mit einem weiteren Typ lässt sich leicht die empirische Verteilungsfunktion darstellen. type="s" verlangt nämlich die Verbindung von Punkten gemäß einer Treppe:

📝 x<-runif(10)
   xs<-sort(x)
   plot(xs,c(1:10)/10,type="s")

Die so erhaltene Darstellung ist noch nicht ganz zufriedenstellend. Man möchte den Bereich der Ordinate von null bis eins skaliert haben und den der Ab-

8.2 Bivariate und höherdimensionale Daten

szisse etwas breiter als vom kleinsten bis zum größte Wert. Dies wird erreicht mit:

📝 `plot(c(0,xs,1),c(0:10,10)/10,type="s")`

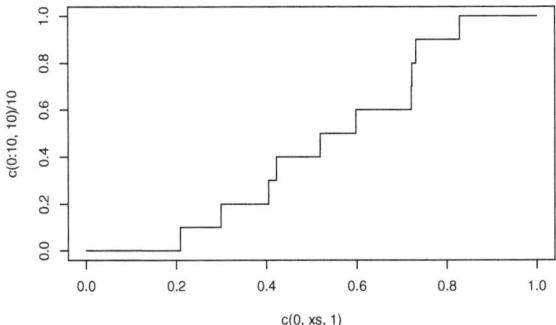

Abbildung 8.11. Empirische Verteilungsfunktion

Ein wichtiger Aspekt ist die Achsenbezeichnung. Automatisch werden die Variablennamen gewählt, die für die Platzhalter x und y eingesetzt werden. Möchte man das ändern, so ist `xlab` als Parameter für die x-Achse zu definieren; entsprechend steht `ylab` für die y-Achse. Einen Titel kann man mit dem optionalen Parameter `main` hinzufügen. Dies wird anhand eines Streudiagrammes illustriert.

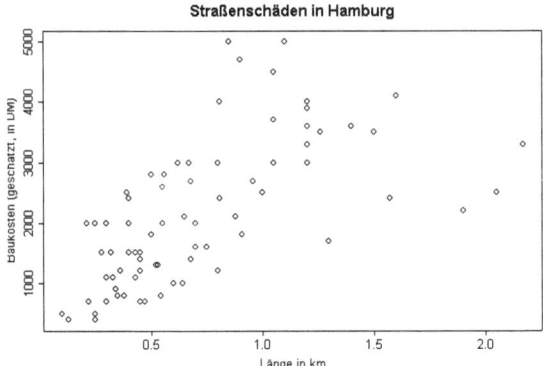

Abbildung 8.12. Streudiagramm mit eigener Achsenbeschriftung und Titel

Die Abbildung 8.12 wird mit dem folgenden Befehl erzeugt. Die Daten stammen übrigens aus einer im ‚Hamburger Abendblatt' vom 29.6.1999 veröffentlichten Tabelle mit Straßenschäden auf Hamburger Hauptstraßen. Sie liegen als Datensatz mit den Variablen `laenge` und `kosten` vor.

```
📝  plot(laenge,kosten,type="p",xlab="Länge in km",
        ylab="Baukosten (geschätzt, in DM)",
        main="Straßenschäden in Hamburg")
```

Die vollen Möglichkeiten von `plot` sind ausufernd. Einige Optionen, die analog zu `type` angegeben werden können, sind:

Parameter	Effekt	Beispiel
col	Farbe	col="red"
lwd	Strichstärke	lwd=2
main	Gesamttitel	main="Gesamttitel"
xlab	Titel für die x-Achse	xlab="X"
ylab	Titel für die y-Achse	ylab="Y"
pch	Symbol für Punkte	pch="o"
cex	Symbolgröße	cex=2

Die meisten Optionen können alternativ zur direkten Angabe auch mittels eines vorangestellten `par`-Befehls gesetzt werden. `par` wurde bereits zum Beginn des Abschnittes zur Unterteilung des Grafik-Objektes erwähnt.

Die über 650 zur Verfügung stehenden Farben kann man sich durch Aufruf des folgenden Befehls anzeigen lassen:

```
📝  print(colors())
```

Die mittels `pch` setzbaren Symbole für Punkte können auch in der Form `pch=n` angegeben werden, wobei `n` eine Zahl ist. Es gelten die in der Abbildung 8.13 dargestellten Zuordnungen.

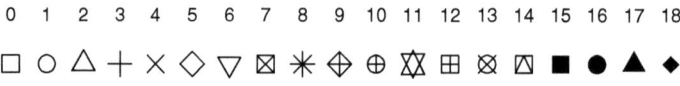

Abbildung 8.13. Plotsymbole, die mit `pch=n` gesetzt werden

Eine *Streudiagramm-Matrix* eines multivariaten Datensatzes wird mittels `pairs` erzeugt. Als Argument ist ein Datensatz oder eine Matrix anzugeben. Dann ist die einfache Form des Aufrufes: `pairs(x)`. Für ein Beispiel sei auf Seite 171 verwiesen. Auch diese Grafik lässt sich mit den oben angegebenen Parametern weiter verschönern.

8.3 Ergänzen von Grafiken

Ist eine der oben angegebenen Grafiken erstellt, so können Linien, Punkte und Bezeichnungen hinzugefügt werden. Dies geschieht mit den sogenannten

8.3 Ergänzen von Grafiken

Low-Level-Grafikfunktionen. Ihr Aufruf erzeugt keine neue Grafik, sondern verändert eine bereits vorhandene. Eine Übersicht wird in der folgenden Tabelle gegeben.

Low-Level-Grafikfunktionen

abline	Fügt Linien zu dem aktuellen Plot hinzu. Anzugeben sind Achsenabschnitt und Steigung, welche die Gerade bestimmen
arrows	Hinzufügen von Pfeilen zwischen Punktepaaren.
legend	Fügt eine Legende zu dem aktuellen Plot hinzu.
lines	Hinzufügen von Linien zu dem aktuellen Plot.
par	Setzen und Abfragen von Grafikparametern.
points	Hinzufügen von Punkten zu dem aktuellen Plot.
polygon	Hinzufügen eines Polygonzuges, auch ausgefüllt.
rug	Hinzufügen eines Rug („ergänzendes Stabdiagramm') zu einer Grafik.
segments	Hinzufügen von Linien-Segmenten zwischen Punktepaaren.
text	Hinzufügen von Textsymbolen zum aktiven Plot.
title	Hinzufügen eines Titels zum aktiven Plot.

Die Funktion `abline` ist vor allem günstig, um Regressionslinien zu Streudiagrammen oder QQ-Diagrammen hinzuzufügen. Verlangt werden als Argumente der Achsenabschnitt `a` und die Steigung `b`. Mit weiteren Argumenten können die Farbe der `a`-`b`-Geraden sowie die Strichstärke eingestellt werden. Die Funktion wurde bereits in einigen Beispielen eingesetzt.

Allgemeine *Linienzüge* werden durch die Funktion `lines` mittels der Angabe von Punkten erzeugt. Im Aufruf `lines(x,y)` sind `x` und `y` zwei gleichlange Vektoren. Sollen mehr als ein Linienzug einem Plot hinzugefügt werden, so ist `lines` mehrmals aufzurufen. In den folgenden Befehlszeilen wird dem Histogramm der Längen von Straßenschäden in Hamburg, siehe Seite 85, eine Kerndichteschätzung überlagert. Dies ist die Abbildung 8.14.

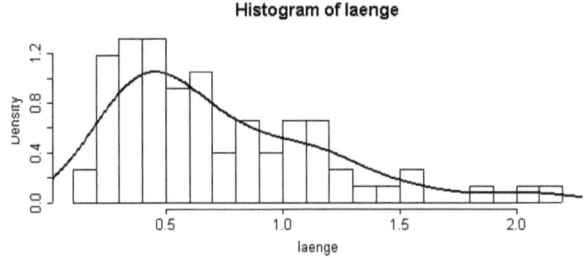

Abbildung 8.14. Histogramm mit überlagerter Kerndichteschätzung

Die zur Abbildung gehörigen Befehle lauten:

```
hist(laenge,breaks=19,freq=FALSE)  # Histogramm mit Dichte
d<-density(laenge)                 # Kerndichteschätzung
lines(d$x,d$y,type="l",lwd=2)      # Hinzufügen der Kern-
                                   # dichteschätzung
```

Weiterer Text wird mit `text` in die Grafik eingefügt, die Bezeichnung der Baumaßnahme mit dem längsten Straßenabschnitt in dem Histogramm beispielsweise mit `text(2.17,0.3,"Unterer Landweg")`. Der angegebene Punkt (2.17,0.3) ist dabei das Zentrum des Textfeldes. Hier passt der Text nicht mehr ganz in das Ausgabefeld; er ist zu lang. Dies ist aus der Abbildung 8.15 zu ersehen.

Das Hinzufügen von Punkten mittels `points` erfolgt gemäß der gleichen Logik. Der Grafik kann statt ‚Histogram of x' (bzw. laenge) ein anderer Titel gegeben werden. Dieser ist beim Aufruf von `hist` anzugeben:

```
hist(laenge,breaks=19,freq=F,main="Länge der Baumaßnahmen")
```

Unter einem *Rug* wird ein am Rande angebrachtes Stabdiagramm verstanden. Das ist z.B. sinnvoll, wenn man eine übersichtliche Darstellung mittels eines Histogramms haben und dennoch nicht auf eine detailliertere Angabe verzichten möchte, wo die Werte tatsächlich liegen. Dem Histogramm der Länge der Hamburger Straßenschäden wird dies mit

```
rug(laenge)
```

hinzugefügt.

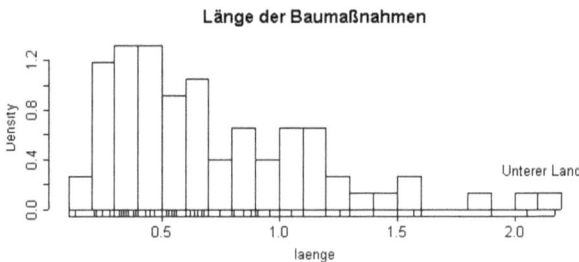

Abbildung 8.15. Histogramm mit zugefügtem Text sowie Titel und einem Rug

9
Spezielle Aspekte des Labors

9.1 Anwenderbibliotheken und Packages

Die Basisfunktionalitäten von R sind in Paketen organisiert. Dabei sind einige Bibliotheken bereits im R-Core integriert. Obwohl der damit vorhandene Funktionsvorrat von R schon gewaltig ist, besteht nicht selten Bedarf an weiteren Funktionen zur Datenaufbereitung. Solche thematisch und funktional zusammengehörigen Funktionssammlungen sind ebenfalls als Packages organisiert. Einfachere, von Anwendern für das Statistiklabor geschriebene Funktionen sind in Bibliotheken bzw. UserLibs gespeichert. Hier soll nicht auf das Schreiben von Bibliotheken eingegangen werden; zum Glück gibt es aber fleißige Menschen, die schon einiges vorgearbeitet haben. Etliche dieser Funktionssammlungen werden bei der Installation des Statistiklabors gleich mit installiert. Um darauf zugreifen zu können ist über das Menü ‚Projekt' die Option ‚R-Package laden' bzw. ‚Bibliotheken' auszuwählen. Das Anklicken des Paketes / der Bibliothek und nachfolgend des ‚Einfügungspfeils' stellt die darin enthaltenen Funktionen dauerhaft bereit.

Anwenderbibliotheken

Es ist möglich, selbst Bibliotheken zu schreiben und diese in die Liste der zur Verfügung stehenden Bibliotheken einzufügen. In UserLibs kann beliebiger R- Code enthalten sein. Alle innerhalb einer Bibliothek definierten Funktionen können innerhalb des Labor-Objektes ‚R-Kalkulator' über den Funktionsnamen aufgerufen werden. Die hier vorgenommenen Einstellungen sind unabhängig von der Arbeitssitzung, stehen also bei jedem Start des Labors zur Verfügung. Hinweise zur Erstellung und Einbindung eigener Bibliotheken sind in der Hilfe unter ‚Inhalt', ‚Arbeiten mit dem Labor', ‚Bibliotheken und Packages' zu finden.
In diesem Abschnitt soll nun auf zwei Bibliotheken etwas näher eingegangen werden, auf ‚DStat' mit Funktionen zur deskriptiven Statistik und auf

‚Regression'. Diese enthalten einige Modifikationen zu den Standardfunktionen bzw. bieten eine Vereinfachung des Einstiegs in das statistische Arbeiten. ‚DStat' ist in zwei Varianten vorhanden, ‚DStat_n.r' und ‚DStatn-1.r'. Auf den Unterschied wird unten eingegangen. Wichtig ist vor allem, dass nicht beide gleichzeitig geladen werden dürfen. Sonst kommt es zu Fehlern.

Auf einen Fallstrick im Zusammenhang mit Bibliotheken sei vorab noch hingewiesen. Enthält eine Bibliothek bzgl. der R-Syntax einen Fehler, so wird nur noch eine Fehlermeldung ausgegeben, wenn die Bibliothek geladen ist. Dabei braucht es sich nicht um einen Aufruf einer Funktion aus einer solchen Bibliothek zu handeln; schon 1+1 klappt nicht mehr. Es ist daher meist nicht offensichtlich, woher der Fehler kommt. Dann hilft nur noch, die ‚schuldhafte' Bibliothek herauszunehmen. Ohne sie sollte das Problem dann auch verschwunden sein.

Die Bibliothek ‚DStat'

R stellt keine Funktionen zur Berechnung von Maßzahlen der Lage und Streuung aus Häufigkeitstabellen bereit. Hier kann auf die Bibliothek ‚DStat' zurückgegriffen werden, siehe Seite 10. Die Benutzerbibliothek ‚DStat' wird von vornherein mitgeliefert. Sie enthält einige Funktionen, die nicht zum Standardset von R gehören, aber für die Bearbeitung univariater Daten hilfreich sind. Andere Funktionen sind Alternativen zu R-Funktionen; hier wird die Berechnungen in einer Weise vorgenommen, die für einen Einstieg in die Statistik günstiger ist.

Die Bibliothek existiert in zwei Varianten. In der n-Variante, ‚DStat_n.r' wird bei der Varianz, der Standardabweichung und der Kovarianz die Normierung mit dem Faktor $1/n$ statt, wie in R üblich, mit $1/(n-1)$ vorgenommen. Bei der (n-1)-Variante, ‚DStat_n-1.r' ist, wie sonst in R, der Faktor $1/(n-1)$. Wie bereits eingangs gesagt wurde, ist vor allem wichtig, dass nicht beide gleichzeitig geladen werden, da es sonst zu Fehlern kommt.

Folgende Funktionen sind darin enthalten; in der letzten Spalte sind die Seitenangaben angeführt, wo die Funktionen ausführlicher bzgl. ihrer Argumente und Ausgaben beschrieben sind:

	Funktionen in DStat	Seite
Kovarianz	Kovarianz	198
Median	Median	205
Mittel	arithmetisches Mittel	205
Quantil	Quantile	209
Standabw	Standardabweichung	220
Varianz	Varianz	226
Verteil	empirische Verteilungsfunktion	227

Der wesentliche Unterschied zu den vorhandenen R-Funktionen besteht darin, dass die Funktionen Mittel, Median, Varianz und Standabw als Argumente

9.1 Anwenderbibliotheken und Packages

Variablen, Vektoren, Namen von Häufigkeitstabellen oder mit `table` erstellte Häufigkeitstabellen zulassen. Bei klassierten Häufigkeitstabellen wird der Konvention gefolgt, dass die Klassenmitten als Repräsentanten für die Klassen zur Berechnung verwendet werden.

`Quantil` bestimmt bei Variablen und Vektoren sowie unklassierten Häufigkeitstabellen die Quantile ohne lineare Interpolation. Ein p-Quantil x_p wird also als diejenige Beobachtung $x_{(v)}$ bestimmt, für die der jeweils zugehörige Anteil p der Beobachtungen, die kleiner oder gleich $x_{(v)}$ ist, gerade erreicht (oder übertroffen) wird. In R werden die Quantile dagegen nicht so bestimmt, dass stets ein beobachteter Wert ein entsprechendes Quantil ist. Gibt es keine Beobachtung mit $h(X \leq x_p) = p$, so wird in R linear interpoliert. (Analog zum Median aus einem Datensatz mit einer geraden Anzahl von Beobachtungen.) Bei klassierten Daten, die in Form des Namens einer Häufigkeitstabelle übergeben werden, werden mit `Quantil` Quantile gemäß der üblichen linearen Interpolation berechnet.

Die Bibliothek ‚Regression'

Die Bibliothek ‚Regression' enthält drei Funktionen zur Bestimmung und Darstellung von Größen der linearen Regression:

Funktionen in Regression		Seite
`Plotreg`	Darstellung der Regressionsgeraden mit Konfidenz- oder Prognoseintervallen	207
`Progreg`	Bestimmung von Prognosewerten	208
`Regress`	Bestimmung von Regressionskoeffizienten und ihren Standardfehlern	212

Mit der Funktion `Regress` können die Regressionskoeffizienten des Ansatzes

$$y = \beta_0 + \beta_1 \cdot x_1 + ... + \beta_p \cdot x_p + U$$

bestimmt werden. Der Aufruf ist extrem einfach:

▱ `Regress(y,x)`

Dabei ist `y` die zu erklärende Variable und `x` steht für die erklärende(n) Variable(n). Optional können auch die Standardfehler mit berechnet werden; dazu ist als zusätzliches Argument `stdfehler=TRUE` einzugeben:

▱ `Regress(y,x,stdfehler=TRUE)`

Die Funktion `Progreg` dient zur Bestimmung von Prognosewerten mit linearer Regression. Der Aufruf geschieht in der Form `Progreg(y,x,x0)`. Die Prognosewerte werden an den in `x0` angegebenen Stellen ermittelt. Die Punktprognosen können durch Konfidenz- oder Prognoseintervalle ergänzt werden. Dazu sind die optionalen Angaben ‚`gamma=0.95, type="konfidenz"` bzw. ‚`gamma=0.95, type="prognose"` zu ergänzen. Für `gamma` kann natürlich ein anderes Niveau gewählt werden:

▣ `Progreg(y,x,x0,gamma=0.8,type="prognose")`

Die Darstellung der Regressionsgeraden bei einer einfachen linearen Regression mit Konfidenz- oder Prognoseintervallen geschieht mit der Funktion `Plotreg`. Die Syntax ist `Plotreg(y,x,x0)`. Dann werden die Konfidenz- bzw. Prognoseintervalle an den in x0 angegebenen Stellen gezeichnet. Dazu sind die optionalen Angaben ,`gamma=0.95, typ="konfidenz"` bzw. ,`gamma=0.95, typ="prognose"` zu ergänzen. Für gamma kann auch hier ein anderes Niveau gewählt werden.
Beispiele sind auf Seite 163 zu finden.

Packages

R-Packages sind, wie bereits eingangs bemerkt, Sammlungen von Funktionen zu speziellen Auswertungsbereichen. Etliche dieser Funktionssammlungen werden bei der Installation des Statistik-Labors gleich mit installiert und aktiviert. Dies gilt etwa für die Pakete `base`, `graphics` und `stats`. Um auf weiter, nicht gleich aktivierte zugreifen zu können, ist über das Menü ,Projekt' die Option ,R-Package laden' auszuwählen. Das Anklicken des Paketes und nachfolgend des Button «Hinzufügen» stellt die darin enthaltenen Funktionen dauerhaft bereit. Bei den wichtigsten Paketen, wie den genannten, bereits aktivierten gibt es eine Beschreibung im Referenz-Manual, das über die Hilfe zu erreichen ist. Die Beschreibung der Funktionen in anderen Paketen muss im Internet nachgesehen werden. Unter der URL http://cran.r-project.org/ geht man auf Packages, und wählt das interessierende aus. Den Paketen ist allen ein Referenzmanual im pdf-Format beigegeben.[1]

Auf dem CRAN-Server sind zahlreiche andere Packages abgelegt und können von dort heruntergeladen werden. Dann ist das interessierende Paket zu entpacken und das Verzeichnis mit den entpackten Dateien nach ...\Statistiklabor\Sytem\R\ library zu kopieren. Damit steht es zur Einbindung in das Labor über den üblichen Weg zur Verfügung. (Menü Projekt, R-Package laden, Markieren des Paketes im rechten Fenster, den Button «Hinzufügen» anklicken und den OK-Button drücken.) Zu beachten ist aber, dass R sehr dynamisch erweitert wird und die neuen Versionen der Pakete nicht ohne Weiteres unter der vom Statistiklabor verwendeten Version funktionieren. Es ist darauf zu achten, dass die vom Paket verlangte Version von R nicht die der aktuellen Laborversion übersteigt. Die folgende Ein- und Ausgabe gibt den derzeitigen Stand an.

---

[1] Zur Zeit gibt es beim Laden von Paketen noch ein Problem. Da bei dem Hinzufügen eines Paketes über das Anklicken des ,Einfügungsbuttons' die Namen dann in kleinen Buchstaben erscheinen, R aber sensitiv gegenüber der Groß- und Klein-Schreibung ist, stehen solche Pakete nicht zur Verfügung, deren Namen Großbuchstaben enthalten. Hier hilft man sich durch den Befehl `library` im Kalkulator, also etwa durch Angabe von `library(MASS)`.

9.2 Der Musterlösungseditor

```
print(version)
        platform  i386-pc-mingw32
        arch      i386
        os        mingw32
        system    i386, mingw32
        status
        major     2
        year      2004
        month     11
        day       15
        language  R
```

Die Version ist hier 2.0.1 (=major.minor).
In dem vornherein mit installierten und aktivierten Package stats sind eine Reihe von statistischen Tests implementiert. Die wichtigsten sind in der folgenden Übersicht zusammengestellt.

	Wichtige Tests aus der Bibliothek stats	Seite
binom.test	Test auf Vorliegen einer Wahrscheinlichkeit	188
chisq.test	χ^2-Test auf Unabhängigkeit der Zeilen- und Spaltenvariablen in einer Kontingenztafel	191
t.test	Ein- und Zweistichproben-t-Test	224
wilcox.test	Wilcoxon-Vorzeichen-Rangtest und Wilcoxon-Rangsummentest	228

Mit den meisten Tests werden zugleich Konfidenzintervalle bestimmt. Das Konfidenzniveau kann über conf.level=1-alpha festgelegt werden; voreingestellt ist der Wert 0.95. Neben dem *P*-Wert der Tests wird auch die Signifikanz ausgegeben; das Signifikanzniveau ist dabei der Wert alpha, der sich über conf.level=1- alpha ergibt. Die Form der Alternative kann ebenfalls gewählt werden. Hierzu ist der optionale Parameter alternative = "t" zu spezifizieren; es stehen t für zweiseitig, g für größer und l für kleiner.

9.2 Der Musterlösungseditor

Das Statistiklabor wurde auch zur Unterstützung von Statistik-Lehrveranstal tungen entwickelt. In solchen Veranstaltungen können Aufgaben gleich als Laborseite konzipiert werden. Um über den Rahmen der Aufgabenformulierung und abschließenden Präsentation der Lösung hinauszugehen, wurde der Musterlösungseditor konzipiert. Damit kann der Lernende schrittweise Lösungshinweise abfragen und die eigenen (Zwischen-) Ergebnisse mit denen der Musterlösung abgleichen.
Die Aufgaben mit Musterlösungen liegen als MPF- oder als ZMPF-Dateien vor. Zum *Nutzen der Lösungshinweise* hat man den Zauberer Merlin zu rufen. Dazu klickt man das Merlin-Icon auf der Projektleiste an:

Die neben Merlin angebrachten Pfeil-Icons dienen zum Vor- und Zurückblättern der Musterlösung.
Will man den Merlin, der dadurch auf die Bildfläche gerufen wird, wieder loswerden, so ist mit einem Rechtsklick das zuständige Kontextmenü zu öffnen. So wie die Lösungshinweise schrittweise abgefragt werden können, werden Lösungen mit zugehörigen Lösungshinweisen schrittweise aufgebaut.
Zur *Erstellung einer Musterlösung* wird man zuerst alle Teile als Labordateien erstellen und in einem gemeinsamen Ordner abspeichern. Das bedeutet, man startet mit einem Satz von *.spf-Dateien mit

- Aufgabe,
- sämtlichen Lösungsschritten,
- abschließende Gesamtlösung.

Es hat sich als vorteilhaft erwiesen, hierbei folgendermaßen vorzugehen: Es wird eine Laborseite mit der Aufgabenstellung und allen Lösungsteilen angelegt. Diese wird entsprechend oft abgespeichert; dann werden aus der ersten Seite und den Zwischenschritten die noch nicht zu zeigenden Teile herausgelöscht.
Sind die einzelnen Labordateien in dieser Weise angelegt und in einem Verzeichnis abgespeichert, so wird die Labordatei mit der Aufgabe geöffnet. Dort klickt man auf ‚Projekt' und weiter auf ‚Musterlösung bearbeiten'. Im erscheinenden Menü wählt man ‚neuen Hilfeschritt einfügen' aus. Auf der rechten Seite erscheinen dann die Dateien, die man zuvor in dem Ordner abgespeichert hat. Sollte das nicht der Fall sein, so sind diese über den Button ‚Dateibaum' auszuwählen. Die Datei mit der Aufgabenstellung wird als erster Lösungsschritt durch Doppelklick ausgewählt; er wird automatisch oben rechts eingetragen. Nach jedem Einfügen eines Lösungsschrittes wird gefragt ob man den Schritt speichern möchte. Das kann man tun, man kann aber auch ‚nein' sagen und zum Einfügen des nächsten Lösungsschrittes übergehen. Dieses Vorgehen wiederholt man für die nächsten Lösungsschritte, bis man als letzen Schritt die finale Lösung eingefügt hat. Die Bezeichnungen der Lösungsschritte können auch selbst gewählt werden; dazu überschreibt man einfach den standardmäßigen Vorschlag ‚Schritt n:'.
Es gibt zwei Möglichkeiten, die Musterlösung abzuspeichern. Einmal über das Anklicken von ‚Musterlösung' (oben links) und ‚speichern' bzw. ‚speichern unter'. Die Musterlösung kann als .mpf oder .zmpf abgespeichert werden, wobei ersteres voreingestellt ist. Eine zmpf-Datei sollte nicht mehr geändert werden; Änderungen sollten nur in spf- und in mpf-Dateien vorgenommen werden. Dementsprechend wird man beim Erstellen einer Musterlösung die Voreinstellung wählen.
Wird die Datei als zmpf abgespeichert, so werden sämtliche Dateien, die man als Lösungsschritte eingefügt hat, zusammen mit der Aufgabe und Musterlösung gezippt abgespeichert. Eine zmpf-Datei kann direkt vom Labor aus

9.2 Der Musterlösungseditor

geöffnet werden. Eine solche Datei kann man auch mit einem Entpackungsprogramm wie WinZip öffnen und erhält sämtliche Labordateien angezeigt, die in der Musterlösung enthalten sind.

Nun kann zu jedem Schritt über den Button ‚neuen Hilfetext einfügen' ein Hilfetext eingegeben werden, der zu dem Lösungsschritt erscheinen soll. Nach dem Speichern wird die Aufgabe mit Musterlösung geladen. Es empfiehlt sich, sofort zu überprüfen, ob sie den eigenen Vorstellungen entspricht.

Sämtliche Laborseiten und Hilfstexte können auch später noch über das erneute Öffnen des Dialogfeldes ‚Musterlösung bearbeiten' geändert bzw. gelöscht oder ergänzt werden.

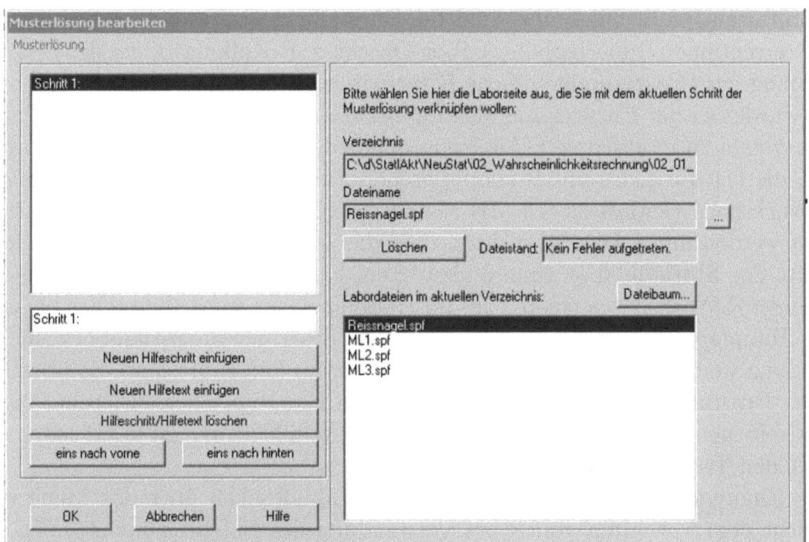

Abbildung 9.1. Der Musterlösungseditor

Beispiel 9.1 (Reissnagel)
Im Unterverzeichnis ‚Reissnagel' sind folgende Dateien abgespeichert:
Reissnagel.spf die Aufgabenstellung
ML1.spf   der erste Lösungsschritt,
ML2.spf   der zweite Lösungsschritt,
ML3.spf   der dritte Lösungsschritt.
Zuerst wird nun das Labor gestartet. Wie beschrieben, wird dann ‚Projekt' angeklickt und dort ‚Musterlösung bearbeiten' ausgewählt. Als erstes wird mit ‚neuen Hilfeschritt einfügen' die in Reissnagel.spf formulierte Aufgabe selbst unter Schritt 1 eingefügt.
Entweder wird diese dann abgespeichert oder es wird mit dem Speichern abgewartet, bis alle Lösungsschritte in der gleichen Weise eingefügt sind.

Erst im Anschluss werden die Lösungsschritte wieder über ‚Musterlösung bearbeiten' aufgerufen, um die Hilfetexte einzufügen. Dies geschieht über Anklicken des Button ‚neuen Hilfetext einfügen'. ∎

9.3 Zur R-Schnittstelle

Wie in der Vorbemerkung schon gesagt, ist das Labor eine Oberfläche für die statistische Programmiersprache R, einen frei verfügbaren Dialekt der Programmiersprache S. Um die Verbindung des Labors mit R etwas genauer zu benennen: Einige der Labor-Objekte verfügen über eine systeminterne Schnittstelle zu R. Diese übersetzt die Darstellung am Bildschirm gemäß den R-Konventionen. Innerhalb des Labor-Objektes ‚R-Kalkulator' ist der gesamte Umfang der Programmiersprache R verfügbar.

Es wurde bei der Entwicklung des Labors davon Abstand genommen, das R-Subsystem zu modifizieren. Als Konsequenz daraus ergibt sich eine Architektur, die fast für jedes mit R kooperierende Labor-Objekt einen vollständigen R-Workspace (jeweils ca. 12 MB Memory) eröffnet, der auch jeweils initialisiert werden muss. Das führt dazu, dass das Labor manchmal träge reagiert. Sollte das Statistiklabor einmal abstürzen, kann es vorkommen, dass die geladenen R-Workspaces (rcore.exe) im Hauptspeicher verbleiben. Dies belastet den Hauptspeicher unnötig, da ein erneuter Start des Statistiklabors zur Erzeugung weiterer R-Workspaces führt. In diesem Fall sollte man die überflüssigen Programmmodule (rcore.exe) aus dem Hauptspeicher entfernen, bevor man ein neues Statistiklabor öffnet. Unter Win2000 und WinXP kann das über den Task Manager gemacht werden.

Das Einbinden von (selbst geschriebenen) Bibliotheken über das Menü entspricht dem Verhalten von R bei Verwendung des Befehls `source()`. Damit kann grundsätzlich jeder R-Code geladen werden. Der Code steht bei geladener Bibliothek in jedem R-Kalkulator zur Verfügung. Das kann allerdings u.a. bei plot-Befehlen zu unerwünschtem Anzeigen der Grafikausgabe führen, wenn die Bibliothek entsprechenden R-Code enthält. Code, der innerhalb von Funktionen eingebunden ist, wird allerdings (wie gewünscht!) erst nach dediziertem Aufruf der Funktion ausgeführt.

Neben der oben angegebenen Vorgehensweise, zusätzliche Funktionen zu verwenden, gibt es auch die Möglichkeit, selbst geschriebene Funktionen dauerhaft zur Verfügung zu haben. So sei in der Bibliothek `mybib.r` zum Beispiel die Funktion `myfunktion` abgespeichert. Um sie zur Verfügung zu haben, ist über das Menü ‚Projekt' die Option ‚Bibliotheken' auszuwählen. Das Anklicken der Bibliotheken und nachfolgend des ‚Einfügungspfeils' stellt die Funktion dauerhaft bereit. Angezeigt werden dabei die Bibliotheken, die im Unterverzeichnis UserLib des Installationsverzeichnisses des Statistiklabors abgespeichert sind. Anderswo abgespeicherte Dateien erreicht man über den Button ‚Neue Bibliothek laden'.

9.3 Zur R-Schnittstelle

Beim Aufbau von Userlibs/Bibliotheken sollte darauf geachtet werden, dass R-Code ausschließlich innerhalb von definierten Funktionen vorkommt. Frei fluktuierender, also nicht zur Definition einer Funktion gehörender, R-Code kann unerwünschte Nebenwirkungen haben; daher sollte auf solchen gänzlich verzichtet werden. Innerhalb eines R-Kalkulators ist es dagegen kein Problem, R-Code abzuspeichern. Darauf wird ja nur innerhalb des jeweiligen Laborprojektes zugegriffen.

R-Code aus fremder Quelle, der innerhalb des R-Kalkulators verwendet werden soll, wird am besten aus der Quelldatei via copy & paste eingefügt; auch der Befehl `source()` kann verwendet werden. Hier ist dann darauf zu achten, dass die Quelle unter dem angegebenen Pfadnamen auch zur Verfügung steht. Insbesondere ist bei Pfadangaben der Backslash doppelt anzuführen, da diese innerhalb von Anführungsstrichen steht:

```
source("c:\\d\\myr\\brownmotion.r")
```

Bei diesem Vorgehen ist der fremde Code via `source` nur in dem aktuellen R-Kalkulator verfügbar, alle anderen R-Kalkulatoren sind davon unabhängig.

Teil II

Einige Standardauswertungen

10
Beschreibung von Daten

Statistische Daten sind wiederholt erfasste Werte eines Sachverhaltes, die durch Befragungen, Beobachtungen oder Wiederholungen von Experimenten gewonnen werden. Sie werden als Realisationen von Merkmalen oder statistischen Variablen $X, Y, Z, \ldots$ angesehen; der letzte Begriff wird dabei nur verwendet, wenn das Ergebnis in Zahlenform vorliegt. Wichtig bei Merkmalen bzw. statistischen Variablen ist, dass die Zuordnung eindeutig geschieht. Keine Beobachtung darf mehr als einen Wert zugewiesen bekommen; andererseits ist sicherzustellen, dass jede mögliche Beobachtung einen Wert zugeordnet bekommt.

Die Zahlenform von Daten ist vor allem relevant, wenn die Daten in elektronische Form überführt werden sollen, um sie letztlich auszuwerten. Hier ist der allgemein akzeptierte Standard, dass die Angaben zu einem Fall in einer Zeile notiert werden und in verschiedenen Spalten die unterschiedlichen erhobenen Angaben zu diesem Fall. Gleichartige Angaben stehen untereinander; fehlende Angaben müssen durch Platzhalter ersetzt werden, damit die Angaben verschiedener Fälle nicht gegeneinander verrutschen. Das resultierende Schema wird als *Datenmatrix* bezeichnet.

Man unterscheidet nach dem Informationsgehalt verschiedene *Skalen*, auf denen die statistischen Variablen messen. *Nominal skaliert* sind solche, bei denen die Werte wie Hausnummern nur Gleichheit oder Ungleichheit ausdrücken. Bei *ordinal skalierten Variablen* ist auch eine Anordnung sinnvoll, etwa $x < x'$ oder $x \geq x'$. Die Werte *metrisch skalierter Variablen* lassen sich nicht nur anordnen; auch ihr Abstand ist sinnvoll interpretierbar.

Die Skala einer Variablen zeigt, welche Operationen damit durchführbar sind. Nur bei metrisch skalierten Variablen können die üblichen arithmetischen Operationen sinnvoll ausgeführt werden.

10.1 Univariate Daten

Wird ein einzelnes Merkmal oder eine einzelne statistische Variable X erhoben, so werden die resultierenden Werte $x_1, \ldots, x_n$ aus Platzgründen nicht als einspaltige Datenmatrix angegeben, sondern einfach hintereinander aufgelistet. Man bezeichnet diese Auflistung dann als *Urliste*.

Einfache Auswertungsmethoden umfassen die tabellarische Zusammenfassung in Form einer *Häufigkeitstabelle*; dabei werden die unterschiedlichen möglichen Werte von X, die *Realisationsmöglichkeiten*, mit x_i, $i = 1, \ldots, I$, gekennzeichnet und die zugehörigen Anzahlen als absolute Häufigkeiten $n_i = n(X = x_i)$. Die *relativen Häufigkeiten* erhält man durch Division mit dem Stichprobenumfang: $h_i = h(X = x_i) = n(X = x_i)/n$. Die korrespondierende grafische Darstellung ist das *Stabdiagramm*. Dabei werden die Häufigkeiten als Stäbe über den Realisationsmöglichkeiten gezeichnet. Die kumulierten relativen Häufigkeiten führen zur *empirischen Verteilungsfunktion*, die mit $\hat{F}(x)$ bezeichnet wird:

$$\hat{F}(x) = \sum_{x_i \leq x} h_i. \tag{10.1}$$

Ein *p-Quantil* x_p ist dann gerade der x-Wert, bei dem der Anteil der Beobachtungen, die kleiner oder gleich x sind, erreicht wird:

$$\hat{F}(x_p) \geq p \quad \text{und} \quad \hat{F}(x) > p \quad \text{für} \quad x > x_p. \tag{10.2}$$

Sind $x_{(1)} \leq x_{(2)} \leq \cdots \leq x_{(n)}$ die geordneten Werte einer Datensatzes, so ist das p-Quantil der Wert $x_{(k)}$, für dessen Index k gilt:

$$n \cdot p \leq k < n \cdot p + 1. \tag{10.3}$$

Beispiel 10.1 (einfache Häufigkeitstabelle und Stabdiagramm)
Ein Unternehmen hat eine große Anzahl von Diesel-PKW derselben Marke und technischen Ausstattung, die während eines Arbeitstages ständig im Einsatz sind. Ab und zu fällt ein Fahrzeug wegen eines technischen Defekts aus. Es soll als erstes eine Übersicht angegeben werden, wie sich die Ausfälle verteilen.
Als Datenmaterial liegen die Ausfallzahlen für eine Stichprobe von $n = 100$ Zehnstunden-Intervallen vor. Die Daten sind in dem Datensatz DieselPKW unter der Variablen `Ausf` gespeichert. (Selbst erzeugte Daten.) Im angehängten R-Kalkulator ergibt

```
print(Ausf)
```

die Ausgabe:

```
 [1]  8 5 9 8  5 8  7 12 6 6 11 4 4 5 8 8 11 6 6 5 2 11 10 4 5
[26]  6 9 7 4  5 6  6  3 8 3  5 1 4 7 7 8  5 5 7 6 9  5  6 5 6
[51]  2 5 9 3  2 6 10  7 6 8  4 5 5 6 3 7  4 6 4 4 7  4  5 6 4
[76]  7 6 8 6 10 3  6  8 1 4  1 5 8 3 7 3  3 8 5 3 4  5  5 7
```

10.1 Univariate Daten

Anhängen einer Häufigkeitstabelle und eines Grafik-Wizards jeweils an den Datensatz gibt schon die gewünschten Darstellungen von Häufigkeitstabelle und Stabdiagramm.

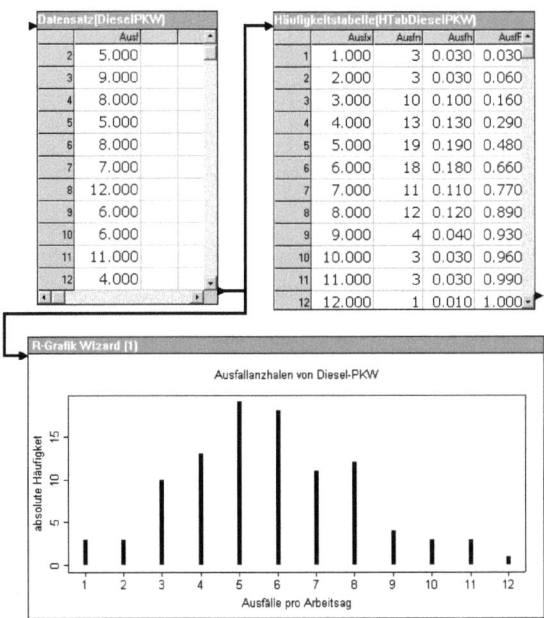

Abbildung 10.1. Einfache Aufbereitung der Ausfallanzahlen von Diesel-PKW

Aus beiden Darstellungen lässt sich erkennen, das die Ausfälle bei den Werten 5 und 6 zentriert sind. ∎

Die grafische Darstellung der empirischen Verteilungsfunktion aus einem Originaldatensatz ist mit dem Grafik-Wizard einfach. Liegen die Daten aber schon tabelliert vor und ist ein Zugriff auf die Originaldaten nicht möglich, muss mit dem R-Grafik-Objekt gearbeitet werden.

Beispiel 10.2 (Verteilungsfunktion aus Häufigkeitstabelle)
Für die Ausfälle der Diesel-PKW eines Unternehmens soll als Ergänzung noch die Verteilungsfunktion gezeichnet werden. Dabei wird unterstellt, dass nur noch die Häufigkeitstabelle vorliegt. Dann hat man im angehängten R-Kalkulator lediglich einzugeben:

```
plot(Ausfx,AusfF,type="s")
title("empirische Verteilungsfunktion Ausfälle")
```

Dies gibt im R-Grafik-Objekt, das an dem R-Kalkulator angedockt ist die gewünschte, in Abbildung 10.2 wiedergegebene Ausgabe. Den Hintergrund

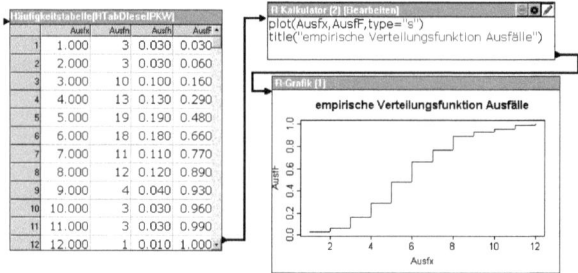

Abbildung 10.2. Verteilungsfunktion der Ausfallanzahlen von Diesel-PKW

dieses Vorgehens bildet die Option `type="s"` des `plot`-Befehls, die gerade die Darstellung als Treppenfunktion bewirkt. ∎

Direkt machen Häufigkeitstabellen nur Sinn bei relativ wenigen unterschiedlichen Realisationen. Bei vielen verschiedenen gibt es zunächst als einfache Möglichkeit der grafischen Darstellung das *Stem-and-Leaf-Diagramm*. Hierbei werden die führenden Ziffern links von einem senkrechten Strich eingetragen und die darauf folgenden rechts davon. Die zu einer führenden Ziffer gehörenden zweiten Ziffern können dann in eine Zeile geschrieben werden oder in zwei, fünf oder zehn Zeilen aufgeteilt werden. Diese Aufteilungen ergeben sich daraus, dass in jeder Zeile gleich viele Ziffern möglich sind. Eine Faustregel empfiehlt die Aufteilung zu wählen, bei der die Anzahl der Zeilen möglichst $10 \log_{10}(n)$ beträgt. Man erhält ein Stem-and-Leaf-Diagramm einfach mit der Funktion `stem`. Es wird auch ohne `print` im R-Kalkulator selbst ausgegeben. Die Verwendung von `print` führt zu einer zusätzlichen Ausgabezeile mit der Angabe NULL. Diese ist ohne Bedeutung.

Beispiel 10.3 (Stem-and-Leaf-Diagramm)
In dem Datensatz Brot enthält die Variable Zeit die Angaben zur notwendigen Arbeitszeit für den Kauf von 1 kg Brot für 70 Städte rund um die Welt. (Aus: Union Bank der Schweiz, 2003).
Um das Stem-and-Leaf-Diagramm für die Variable Zeit zu erstellen, wird ein R-Kalkulator an den Datensatz Brot angedockt. Die Eingabe von `Zeit` leistet dann schon das Gewünschte.

    stem(Zeit)

10.1 Univariate Daten

```
The decimal point is 1 digit(s) to the right of the |
  0 | 666777789
  1 | 000112222334455567777788999
  2 | 00012244555666789
  3 | 24889
  4 | 257899
  5 | 9
  6 | 02
  7 |
  8 | 9
  9 | 0
Berechnung beendet ...
```

Der Vergleich mehrerer Datensätze, bei denen jeweils die gleiche Variable beobachtet wurde, lässt sich gut anhand von *Box-Plots* visualisieren. Hier werden jeweils der kleinste und der größte Wert des Datensatzes sowie das 0.25-Quantil, das 0.75-Quantil und der Median als gleich lange senkrechte Striche dargestellt. Die Endpunkte der 0.25- und 0.75-Quantile werden zudem verbunden, so dass eine Box, eine Schachtel, resultiert. Von den Endpunkten werden noch einfache Verbindungslinien mittig zu den äußeren Strichen geführt. Varianten bestehen darin, dass die Darstellungen senkrecht angeordnet werden und dass die extemsten Punkte einzeln dargestellt werden.

Beispiel 10.4 (Box-Plots)
Für die Gesamtpunktzahlen der Studierenden an verschiedenen Fakultäten der Universität Konstanz, vgl. Heiler und Michels (1994, S.69), ergeben sich die folgenden Box-Plots. Die Daten sind dabei als einzelne Vektoren in einem R-Kalkulator untergebracht. Dieser ist mit einem Grafik-Wizard verbunden, in dem dann alle Vektoren als Box-Plots dargestellt werden, siehe Abbildung 10.3. ∎

Etwas aufwändiger als beim Stem-and-Leaf-Diagramm kann man bei vielen verschiedenen Realisationen eine Klasseneinteilung $(x_{i-1}^*, x_i^*]$, $i = 1, \ldots, I$, durchführen und die Anzahlen der Beobachtungen in den Klassen auszählen, $n_i = n(x_{i-1}^* < X \leq x_i^*)$. Für die grafische Darstellung ist dann das *Histogramm* geeignet mit der *Häufigkeitsdichte*

$$\hat{f}(x) = \frac{h_i}{x_i^* - x_{i-1}^*} \quad \text{für} \quad x_{i-1}^* < x \leq x_i^*; \tag{10.4}$$

dabei ist $h_i = n_i/n$ die relative Häufigkeit der i-ten Klasse. Die gleiche Faustregel wie für die Anzahl der Zeilen in einem Stem-and-Leaf-Diagramm gilt für die Anzahl von Klassen in einem Histogramm.

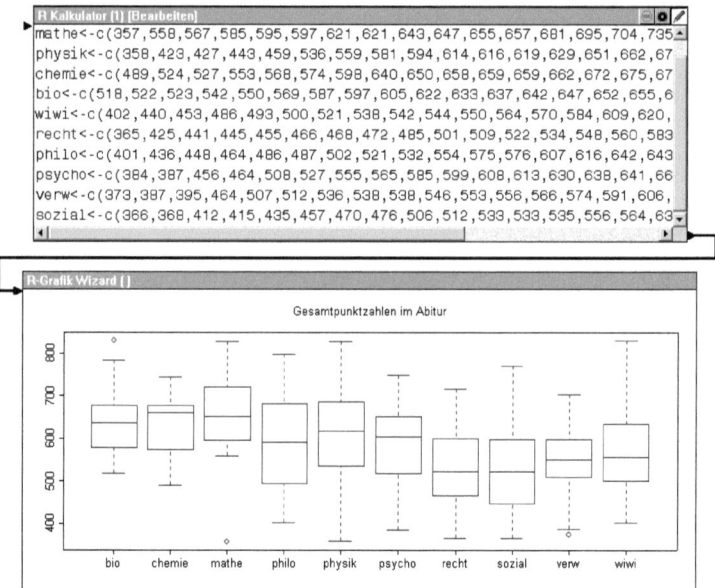

Abbildung 10.3. Studierende nach Fakultäten

Beispiel 10.5 (einfaches Histogramm)
Ein Versicherungsunternehmen führt eine Untersuchung hinsichtlich der Vertriebsleistung im Bereich der privaten Rentenversicherung durch. Die neue staatliche Förderung einer privaten Rentenversicherung, die mit dem Jahr 2002 beginnt, hat zu einer deutlichen Erhöhung des Vertriebsergebnisses geführt. Gemessen wurden die monatlichen Provisionssummen der Versicherungsvertreter. Dabei ergab sich, dass diese im letzten Monat die in der Urliste angegebenen Provisionen erhalten haben. Für die 100 Werte der Provisionshöhe X soll eine übersichtliche Darstellung angefertigt werden.
Die Faustregel empfiehlt bei 100 Beobachtungen $10 \cdot \log_{10}(100) = 20$ Klassen. Zur Erstellung des Histogramms kann daher ein Grafik-Wizard direkt an den Datensatz angehängt werden. Über Einstellungen kann man die Anzahl der Klassen auswählen. Alternativ gibt man in einem angehängten R-Kalkulator einfach ein:

🖉 `hist(X,breaks=20)`

Für die Ausgabe wird dann natürlich ein R-Grafik-Objekt benötigt. In beiden Fällen hat das resultierende Diagramm die in der Abbildung 10.4 wiedergegebene Gestalt. ∎

Beispiel 10.6 (Histogramm mit eigener Klassierung)
Gegeben seien die in der Zeitschrift Fortune (1992) veröffentlichten 225 Vermögensangaben der Reichsten in aller Welt (in Milliarden US-Dollar). Diese seien

10.1 Univariate Daten

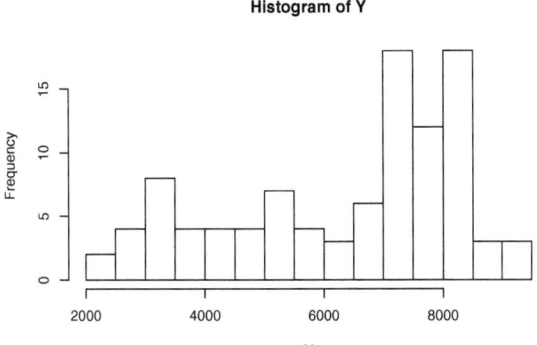

Abbildung 10.4. Histogramm Provisionshöhe

in dem Datensatz Vermögen als Variable v vorhanden. An dem Datensatz liegt ein R-Kalkulator an und an diesem ist ein R-Grafik-Objekt angedockt.

Um die Vermögensangaben in eine übersichtliche Form zu bringen, werden die vorgesehenen, nicht gleichabständigen Grenzen der Variablen `breaks` zugeordnet. Der Befehl `cut` gibt dann aus, zu welcher Klasse die einzelnen Werte gehören, mit `table` erhält man die Häufigkeitsverteilung für die Klassen. Diese ist recht einfach und nicht mit der des Grafik-Objektes zu vergleichen; allerdings hat sie eben selbst bestimmte Klassengrenzen.

Ein Histogramm mit ungleichen Klassenbreiten lässt sich analog erstellen, indem einfach der Vektor der Klassengrenzen als weiteres Argument der Funktion `hist` angegeben wird. Das in der Abbildung 10.5 dargestellte Histogramm ist mit dem nachfolgenden Code erzeugt worden.

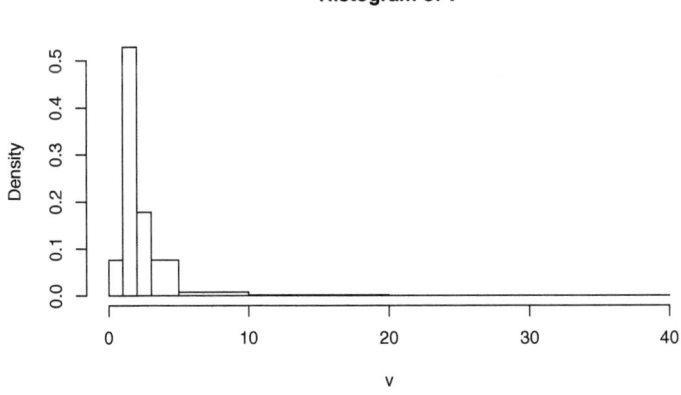

Abbildung 10.5. Histogramm Vermögen

```
breaks<-c(0,1,2,3,5,10,20,40)   # Vektor der Klassengrenzen
vtab<-table(cut(v,breaks))      # Häufigkeitstabelle
print(vtab)
hist(v,breaks)     # Bei ungleichen Klassenbreiten wird
                   # automatisch die Option freq=F verwendet.
```

```
 (0,1]   (1,2]   (2,3]   (3,5]  (5,10] (10,20] (20,40]
   17     119      40      34       9       4       2
```

Beim Histogramm wird eine Gleichverteilung der Beobachtungen innerhalb der Klassen unterstellt. Daher wird die empirische Verteilungsfunktion auch über lineare Interpolation aus den kumulierten relativen Häufigkeiten $\hat{F}(x_i^*)$ bestimmt. Die Formel für die lineare Interpolation zur Bestimmung von Anteilen bei klassierten Daten lautet, wenn Δ_i die Breite der i-ten Klasse und h_i die zugehörige relative Klassenhäufigkeit ist:

$$\hat{F}(x) = \hat{F}(x_{i-1}^*) + \frac{x - x_{i-1}^*}{\Delta_i} \cdot h_i \quad \text{für} \quad x_{i-1}^* < x \leq x_i^* \qquad (10.5)$$

Analog gilt für Quantile:

$$x_p = x_{i-1}^* + \frac{p - \hat{F}(x_{i-1}^*)}{h_i} \cdot \Delta_i \quad \text{für} \quad \hat{F}(x_{i-1}^*) < p \leq \hat{F}(x_i^*) \qquad (10.6)$$

Mit der Funktion Verteil der UserLib 'DStat' kann die empirische Verteilungsfunktion aus Originaldaten, sowie unklassierten und klassierten Häufigkeitstabellen an multiplen Stellen bestimmt werden.
Zu beachten ist dabei, dass bei der Bestimmung aus einer Häufigkeitstabelle der Name der Häufigkeitstabelle als Argument angegeben werden muss, also etwa Verteil(4.5,HTabx1), wenn der R-Kalkulator an einem Labor-Objekt Häufigkeitstabelle mit dem Namen HTabx1 anliegt.
Analog können mit der Funktion Quantil derselben UserLib Quantile aus Originaldaten sowie unklassierten und klassierten Häufigkeitstabellen an multiplen Stellen bestimmt werden.
Zur Konkretion wird das folgende Beispiel betrachtet.

Beispiel 10.7 (Verteilungsf. und Quantile aus Häufigkeitstab. I)
Der Body-Mass-Index gilt als das geeignete Instrument zur Beurteilung, ob jemand normalgewichtig ist oder nicht. Er wird berechnet gemäß Gewicht in kg / (Größe in m)^2. Für Männer gilt ein Wert zwischen 1.5 und 28 als Indikator für ein Normalgewicht.
Für 200 Männer im Alter von 50 bis 80 Jahren liegen die BM-Werte in einer klassierten Häufigkeitstabelle vor (Nach Burmaster und Murray 1997); diese ist mit HTabbm bezeichnet. Dann erhält man:

```
print(Verteil(HTabbm,c(21.5,28)))
print(Quantil(HTabbm,c(0.25,0.75)))
```

```
[1] 0.0525000 0.5513043
[1] 24.37414 29.97200
```

10.1 Univariate Daten

Es sind also gerade einmal 5% der untersuchten Männer als untergewichtig einzustufen. Dagegen sind fast 45% übergewichtig. 25% der Männer haben einen Index von höchstens 24.37, 25% von mehr als 29.972. ∎

Beispiel 10.8 (Verteilungsf. und Quantile aus Häufigkeitstab. II)
Das Beispiel 10.6 wird fortgesetzt. Für die 225 Vermögensangaben der Reichsten in aller Welt wurde eine Klasseneinteilung mit ungleichen Klassenbreiten vorgenommen. Auch für die so erzeugte Häufigkeitstabelle kann die Verteilungsfunktion mit der Funktion `Verteil` der Bibliothek 'DStat' bestimmt werden. Gleiches gilt für die Bestimmung der Quantile mit `Quantil`.
Die Ausgangswerte sind in der Variablen v gespeichert. Dann ergibt der angegebene Aufruf, für den die Angabe der Klassierung hier wiederholt wird, die darauffolgende Ausgabe:

```
breaks<-c(0,1,2,3,5,10,20,40)
vklas<-table(cut(v,breaks))
print(Verteil(v,c(3.75,5,9) ))
print(Verteil(vklas,c(3.75,5,9) ))
```
```
[1] 0.8266667 0.9333333 0.9688889
[1] 0.8388889 0.9333333 0.9653333
```
```
print(Quantil(v,c(0.25,0.5)))
print(Quantil(vklas,c(0.25,0.5)))
```
```
[1] 1.3 1.8
[1] 1.329832 1.802521
```

Die Verteilungsfunktionen aus den nicht-klassierten und den klassierten Daten unterscheiden sich. Nur wenn die Stellen, an denen die Verteilungsfunktionen berechnet wird, gerade Klassengrenzen sind, stimmen die Werte notwendig überein. Ebenso resultieren i.d.R. unterschiedliche Werte für die Quantile, wenn man von den Originaldaten bzw. den klassierten ausgeht.
Nach der gleichen Logik arbeitet die ebenfalls in der Bibliothek 'DStat' enthaltene Funktion `Plotverteil`. Um die Unterschiede bei klassierten und unklassierten Daten besser hervorzuheben, wird von einer anderen Klassierung der Vermögen der 225 Reichsten in aller Welt ausgegangen.

```
vklas<-table(cut(v,c(0,5,20,40)))
par(mfrow=c(1,2))         # Teilung der R-Grafik-Ausgabe
Plotverteil(v)            # Verteilungsfunktion unklassiert
Plotverteil(vklas)        # Verteilungsfunktion klassiert
```

Die Abbildung 10.6 zeigt das Ergebnis. ∎

Zum Vergleich zweier Datensätze eignet sich vorzüglich ein *empirisches QQ-Diagramm*. Dazu werden für ausgewählte Anteile p die Quantile der beiden Datensätze bestimmt und diese in einem Streudiagramm dargestellt. Gibt es keine systematischen Unterschiede, so sollten die Punkte unsystematisch um die 45° Linie streuen. In der Regel wählt man die Anteile p gerade gleich

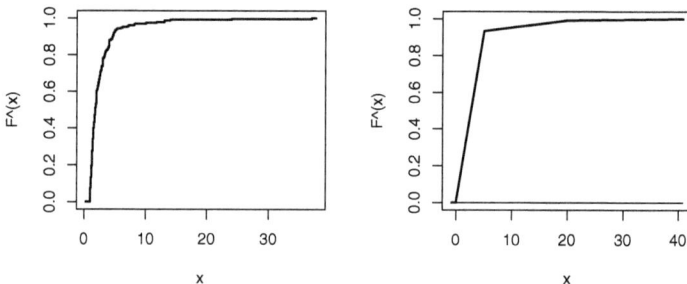

Abbildung 10.6. Verteilungsfunktionen des Vermögens - unklassiert und klassiert

v/n, $v = 1, \ldots, n$, wenn n der Umfang des kleineren Datensatzes ist. Dann stimmen die Quantile mit den geordneten Werten überein.
Da es eine eigene R-Funktion zur Erstellung von empirischen QQ-Diagrammen gibt, macht es hier Sinn, auf den Grafik-Wizard zu verzichten und mit einem R-Grafik-Objekt zu arbeiten.

Beispiel 10.9 (empirisches QQ-Diagramm)
In zwei verschiedenen Zeitungen, dem TSP und der ZWH, wurden Gebrauchtwagen des Typs BMW 5 angeboten, siehe Thadewald (1998). Um die Zeitungen hinsichtlich der verlangten Preise (in DM) zu vergleichen, wird ein QQ-Diagramm erstellt. Die Daten sind in zwei Datensätzen mit den Bezeichnungen BMW1 und BMW2 auf einem Arbeitsblatt gespeichert.
Dann ist im R-Kalkulator, der an beide Datensätze angedockt ist, folgendes anzugeben, um die wiedergegebene Darstellung zu erhalten:

```
qqplot(tsp,zwh)
abline(0,1)
```

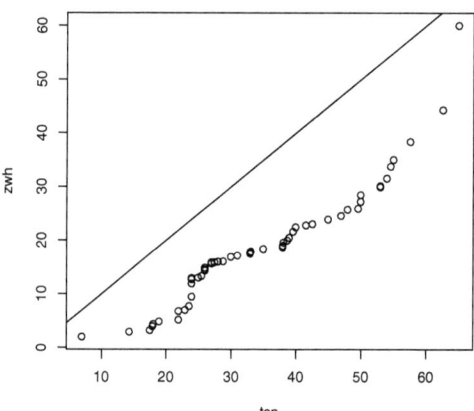

Abbildung 10.7. QQ-Diagramm Preise von Gebrauchtwagen

10.1 Univariate Daten

Die Möglichkeit, mit `abline` eine Linie hinzuzufügen, erweist sich hier als besonders nützlich, erlaubt doch die eingezeichnete Winkelhalbierende, unter Umständen systematische Abweichungen der Punkte von der 45° Achse zu beurteilen. Hier liegen die Punkte unterhalb der Winkelhalbierenden; die Quantile der Zeitung ZWH sind deutlich kleiner als die des TSP, die Angebote in der ZWH sind in der Tendenz (preislich) günstiger. ∎

Eine andere Form des Gegenüberstellens zweier Datensätze besteht in dem Vergleich der Verteilungsfunktionen oder Histogramme. Dazu sollten diese aber übereinander gelegt werden. Dies führt bei den Histogrammen zu dem unerwünschten Effekt, dass das als zweites dargestellte Histogramm das erste verdeckt. Daher kann dies nur mit den Verteilungsfunktionen realisiert werden.

Beispiel 10.10 (Übereinanderlegen zweier Verteilungsfunktionen)
Das letzte Beispiel wird fortgesetzt. Das Übereinanderlegen der beiden Verteilungsfunktionen wird realisiert, indem beide Datensätze an einen Grafik-Wizard angelegt werden. Nach Erstellen des ersten Histogramms wird die Region noch einmal angeklickt und erneut 'Verteilungsfunktion' ausgewählt. Natürlich werden die beiden Darstellungen unterschiedlich eingefärbt. Das Resultat ist in der Abbildung 10.8 dargestellt.

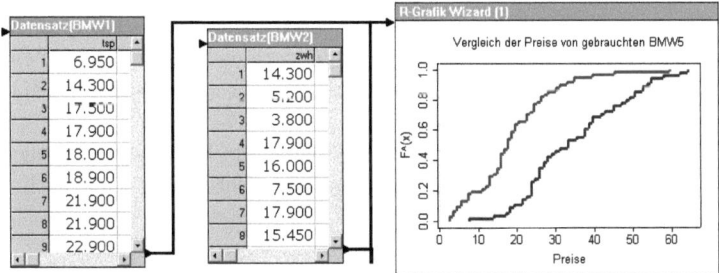

Abbildung 10.8. Vergleich zweier Verteilungsfuntionen ∎

Zu den Maßzahlen der Lage zählen das *arithmetische Mittel* $\bar{x}$ und der *Median* $\tilde{x}$:

$$\bar{x} = \frac{1}{n}\sum_{v=1}^{n} x_v, \quad \tilde{x} = \begin{cases} x_{((n+1)/2)} & \text{für ungeradzahliges } n \\ 0.5(x_{(n/2)} + x_{(n/2+1)}) & \text{für geradzahliges } n. \end{cases} \quad (10.7)$$

Dabei bezeichnet $x_{(v)}$ den v-ten Wert der Beobachtungen im aufsteigend angeordneten Datensatz $x_{(1)} \leq x_{(2)} \leq \cdots x_{(n)}$.
Als Maßzahlen für die Streuung seien die *Varianz* s_X^2 bzw. die *Standardabweichung* s_X, der *Quartilsabstand* s_Q und die *Spannweite* s_S genannt:

$$s_X^2 = \frac{1}{n}\sum_{v=1}^{n}(x_v - \bar{x})^2, \quad s_X = \sqrt{s_X^2}, \quad s_Q = x_{0.75} - x_{0.25}, \quad s_S = x_{(n)} - x_{(1)}.$$
(10.8)

Beispiel 10.11 (Summarische Beschreibung eines Datensatzes)
Im Beispiel 10.7 wurden die Werte des Body-Mass-Index für 200 Männer betrachtet. Im Datensatz `BodyMassInd` stehen die drei Variablen Groesse, Gewicht und BM zur Verfügung. Im angehängten R-Kalkulator erhält man mit der Funktion `summary` eine zusammenfassende Beschreibung der interessierenden Variablen:

```
print(summary(BM))
   Min.  1st Qu.  Median   Mean  3rd Qu.   Max.
  18.25   24.47   27.35   27.49   30.20   40.66
```

Als Maßzahlen der Lage werden Median und arithmetisches Mittel ausgegeben. Dass hier beide etwa gleich sind, deutet darauf hin, dass die Daten eher symmetrisch um das Zentrum gruppiert sind. Den Quartilsabstand ersieht man aus der Differenz des dritten und des ersten Quartils: $s_Q = 30.20 - 24.47 = 5.73$. Die Spannweite beträgt $s_S = 40.66 - 18.25 = 22.41$. Die Spannweite wird doch sehr durch die extremsten Werte beeinflusst. ∎

Von den absoluten Werten her gesehen sind Maßzahlen der Streuung größtenteils recht unanschaulich. Streuungsmaße sind vielmehr als komparative Größen von Bedeutung. So kann man über den Vergleich gleichartiger Maßzahlen feststellen, ob die Werte eines Datensatzes stärker streuen als die eines anderen.

Die *Tschebyschev-Ungleichung* stellt jedoch eine Verbindung zwischen der Konzentration der Beobachtungen im zentralen Bereich um das arithmetische Mittel und der Varianz her:

$$h(\bar{x} - a \leq X \leq \bar{x} + a) \geq 1 - \frac{s_X^2}{a^2}.$$
(10.9)

Beispiel 10.12 (arithmetisches Mittel und Standardabweichung)
Für die Ausfälle von Diesel-PKW soll untersucht werden, wie groß die mittlere Anzahl von Ausfällen ist und welcher Anteil von Ausfällen im einfachen zentralen Streubereich $\bar{x} \pm s_X$ um das arithmetische Mittel liegt. Dazu werden die Funktionen der Bibliothek 'DStat_n.r' verwendet.
Unter Verwendung des Statistik-Taschenrechners werden die folgenden Befehle in den R-Kalkulator gebracht:

```
m<-Mittel( DieselPKW$Ausf )       # Bei Eingabe per Hand
s<-Standabw( DieselPKW$Ausf )     # jeweils einfach: Ausf
d<-Verteil( DieselPKW$Ausf,x0 )   # statt DieselPKW$Ausf
```

Im R-Kalkulator werden die Befehle nun 'nachbearbeitet', so dass folgende Befehlssequenz vorliegt, die das anschließend angegebene Resultat erzeugt:

10.1 Univariate Daten

```
m<-Mittel( DieselPKW$Ausf )
s<-Standabw( DieselPKW$Ausf )
d<-Verteil(DieselPKW$Ausf,m+s)-Verteil(DieselPKW$Ausf,m-s)
print(c(m,s,d))
```
```
[1] 5.780000 2.309026 0.730000
```

Im Mittel beträgt die Anzahl der pro zehn Stundenintervall ausfallenden Fahrzeuge 5.78. 73%, also fast drei Viertel der Ausfallanzahlen liegen zwischen 5.78-2.32 und 5.78+2.32. ∎

Beispiel 10.13 (Verschiedene Maßzahlen)
Es wird wieder der Datensatz Brot aus dem Beispiel 6.1 zugrunde gelegt, der mit der Variablen Zeit die notwendigen Arbeitszeiten für den Kauf von 1 kg Brot für 70 Städte rund um die Welt enthält. Bei der Varianz und der Standardabweichung ist zu beachten, dass bei den R-Funktionen die Normierung mit $1/(n-1)$ erfolgt. Die Funktionen der Benutzer-Bibliothek 'DStat_n.r' verwenden die Normierung mit $1/n$, die in 'DStat_n-1.r' ebenfalls $1/(n-1)$. Um die Funktionen dieser Benutzer-Bibliothek verwenden zu können, muss sie geladen sein; siehe dazu die Ausführungen zu Bibliotheken unter dem Menüpunkt Projekt auf S. 10.
Im konnektierten R-Kalkulator erhält man (mit der n-Variante von 'DStat'):

	R-Standard		DStat	
aritmetisches Mittel:	mean(Zeit)	24.31	Mittel(Zeit)	24.31
Median:	median(Zeit)	19		
Varianz:	var(Zeit)	317.44	Varianz(Zeit)	312.90
Standardabweichung:	sd(Zeit)	17.82	Standabw(Zeit)	17.69
MAD:	mad(Zeit)	10.38		

Die Funktionen in 'DStat' verkraften auch wieder Häufigkeitstabellen mit Klassierung als Argumente. An Datensatz Brot wird zunächst eine Häufigkeitstabelle mit Klassierung angehängt. Als Klassenbreite wird 10 gewählt. Im konnektierten R-Kalkulator erhält man dann:

Maßzahl	Aufruf	Ergebnis
arithmetisches Mittel:	Mittel(HTabBrot)	24.14286
Varianz:	Varianz(HTabBrot)	309.4082

Wie zu erwarten weichen die Werte von denen der unklassierten Daten ab. ∎

Liegen arithmetische Mittel und Varianzen für Teildatensätze vor, so lassen sich daraus die Maßzahlen für den zusammengelegten, den *gepoolten Datensatz* ermitteln. Bei zwei Datensätzen vom Umfang n_1, n_2 gilt mit $n = n_1 + n_2$:

$$\bar{x}_{\text{gesamt}} = \frac{n_1 \bar{x}_1 + n_2 \bar{x}_2}{n_1 + n_2}, \tag{10.10}$$

$$s^2_{\text{gesamt}} = \frac{n_1}{n}s_1^2 + \frac{n_2}{n}s_2^2 + \frac{n_1}{n}(\bar{x}_1 - \bar{x}_{\text{gesamt}})^2 + \frac{n_2}{n}(\bar{x}_2 - \bar{x}_{\text{gesamt}})^2. \tag{10.11}$$

Das Beispiel 10.14 illustriert diesen Sachverhalt für drei Teildatensätze.
Übrigens sind die folgenden Bezeichnungen üblich:

$$interner Streuungsanteil = \frac{\frac{n_1}{n}s_1^2 + \frac{n_2}{n}s_2^2}{s_{gesamt}^2},$$

$$externer Streuungsanteil = \frac{\frac{n_1}{n}(\bar{x}_1 - \bar{x}_{gesamt})^2 + \frac{n_2}{n}(\bar{x}_2 - \bar{x}_{gesamt})^2}{s_{gesamt}^2}.$$

Der externe Streuungsanteil resultiert aus der Unterschiedlichkeit der Schwerpunkte der Teildatensätze.

Beispiel 10.14 (gepoolte Varianz)
Ein gepoolter Datensatz besteht aus der Zusammenführung zweier oder mehrerer Teildatensätze mit den gleichen Variablen. Arithmetisches Mittel und Varianz eines gepoolten Datensatzes können aus den Umfängen der einzelnen Datensätze, ihren arithmetischen Mitteln und Varianzen bestimmt werden. Diese Werte sind in einem Datensatz mit den Variablen n, m und v gespeichert.

	n	m	v
1	28	10.130	2.750
2	18	8.650	1.280
3	23	9.710	3.890

Abbildung 10.9. Summarische Größen von Teildatensätzen als Variablen

Dann erhält man mit den folgenden Befehlen im angeschlossenen R-Kalkulator die gewünschten Werte. Deren Berechnung spiegelt exakt die angegebenen Formeln wider. Dabei wird von einer mit $1/n$ normierten Varianz ausgegangen. Der Hintergrund für diese beiden Zeilen ist, wie angegeben, dass die Berechnungen komponentenweise durchgeführt werden:

```
mg<-sum(n*m)/sum(n)              # gesamtes a. Mittel
vg<-sum(n*v+n*(m-mg*m)^2)/sum(n) # gesamte Varianz
print(mg)
print(vg)
```

```
[1] 9.423913
[1] 6331.888
```

10.2 Bivariate Daten

Bivariate Daten resultieren aus der gleichzeitigen Beobachtung zweier Merkmale oder Variablen X und Y. Die Beobachtungen selbst sind dann Paare (x_v, y_v), $v = 1, \ldots, n$.
Oft werden Beobachtungen, die eigentlich zwei Stichproben darstellen, als bivariate Datensätze organisiert. Dann enthält eine Variable die interessierenden Werte, während die andere nur die Gruppenzugehörigkeit angibt. Für Auswertungen können dann die Werte der Gruppen mittels Indizierung 'auseinanderdividiert' werden.

Beispiel 10.15 (Selektieren nach einer der Variablen)
Exploratives Lernen wird für Computerschulungen gegenüber rezeptivem Lernen bevorzugt. Exploratives Lernen erzeuge durch aktives, selbstgesteuertes Lernen handlungsrelevantes Wissen. Probieren führt zu Fehlern und erzwingt ein Fehlermanagement, das für eine Verfeinerung der mentalen Modelle sorgt. Rezeptives Lernen gilt dagegen als passiv-konsumierend und wenig handlungsrelevant.
Um diese Theorien empirisch zu fundieren, wurde von Regenass und Semmer am Lehrstuhl für Arbeits- und Organisationspsychologie der Universität Bern 1997 im Projekt WiCoS der Frage nachgegangen, wie sich ein didaktisch optimierter rezeptiver Kurs zu einem explorativen Kurs verhält.
Die Kursteilnehmer hatten ungefähr das gleiche Vorwissen. In einem Datensatz sind die Werte enthalten, die die Teilnehmer beim Abschlusstest erzielten. (Nach den Angaben der Internet-Quelle selbst erzeugt.) Die zweite Variable des Datensatzes, Methode, gibt die Gruppenzugehörigkeit an. Dann erhält man zwei nach Lehrmethode getrennte Vektoren mit Werten des Abschlusstestes gemäß:

```
p1<-punkte[methode==1]
p2<-punkte[methode==2]
```

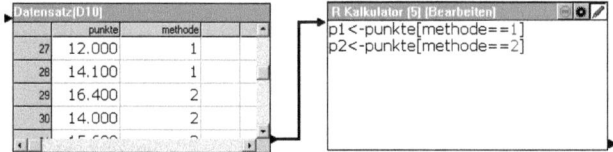

Abbildung 10.10. Selektieren von Teildatensätzen mittels Gruppierungsvariablen

■

Im Fall zweier nominal oder ordinal skalierter Merkmale werden deren Ausprägungen mit $x = x_1, \ldots, x_I$ bzw. mit $y = y_1, \ldots, y_J$ oder kurz mit i und j bezeichnet. Die gemeinsame Häufigkeitsverteilung $n_{ij} = n(X = i, Y = y_j)$ der

Beobachtungen wird in einer $I \times J$-Felder Tafel, einer *Kontingenztafel*, angegeben. Die Zeilen- bzw. Spaltensummen $n_{i\bullet}$ bzw. $n_{\bullet j}$ sind die Randverteilungen von X und Y.

Die relativen Häufigkeiten werden auf alle Beobachtungen bezogen. Damit erhält man die entsprechende $I \times J$-Felder Tafel mit den Eintragungen $h_{ij} = n_{ij}/n$.

Für Einschätzungen der Bedeutung der einen für die andere Variable sind insbesondere die bedingten Häufigkeitsverteilungen von Bedeutung. Es gibt I bedingte Häufigkeitsverteilungen $h(Y = j | X = i) = n_{ij}/n_{i\bullet}$ der Zeilen und entsprechend J bedingte Häufigkeitsverteilungen der Spalten.

Die Maßzahl, die die Abhängigkeit zweier nominal skalierter Merkmale beschreibt, ist der *Phi-Koeffizient*:

$$\hat{\Phi}^2 = \sum_{i=1}^{I} \sum_{j=1}^{J} \frac{(h_{ij} - h_{\bullet j} h_{i\bullet})^2}{h_{\bullet j} h_{i\bullet}}. \qquad (10.12)$$

Bei fehlender Abhängigkeit ist $\hat{\Phi}^2$ null; sein maximaler Wert ist $\min(I-1, J-1)$. Der normierte Phi-Koeffizient $\hat{\Phi}'^2 = \frac{1}{\min(I-1,J-1)} \hat{\Phi}^2$ wird auch als *Assoziationsmaß von Cramer* bezeichnet.

Der Phi-Koeffizient wird auf Wunsch im Labor-Objekt Kontingenztafel mit angezeigt. Dazu ist lediglich die entsprechende Option zu setzen. Siehe dazu die Seite 34.

Beispiel 10.16 (Kontingenztafel)
Von Bayern aus wurde eine Erhebung zum Teilzeitstudium durchgeführt, vgl. Berning, Schindler und Kunkel. (1996). Gefragt wurde u.a., wie zufrieden die Studierenden mit ihrer wirtschaftlichen Lage waren. Dabei waren die Antwortmöglichkeiten abgestuft von 1 (komme gut zurecht) bis 5 (muss Schulden machen, um Studium zu finanzieren). Die Studierenden wurden unterschieden nach der Intensität, mit der sie sich dem Studium widmeten: Vollzeit (=1), Teilzeit (=2) oder Nebenher (=3).

Die beiden Variablen, mit Zufr und Gruppe bezeichnet, sind in einem Datensatz gespeichert. Eine einfache Kontingenztafel produziert die Funktion table im angehängten R-Kalkulator:

```
print(table(Zufr,Gruppe))
     Gruppe
Zufr   1   2   3
   1 609 311  75
   2 404 278  37
   3  92 106  11
   4  12  82  13
   5  35  49   4
```

Eine vollwertige Kontingenztafel erhält man durch das Andocken eines Kontingenztafelobjektes; bei diesem kann auch die Option ‚relative Häufigkeiten

10.2 Bivariate Daten

anzeigen' gewählt werden. Zudem liefert es bei Auswahl der entsprechenden Option den Phi-Koeffizienten. Hier ist der Phi-Koeffizient gleich $\Phi^2 = 0.062$. Dieser Wert ist nicht gerade bedeutsam.

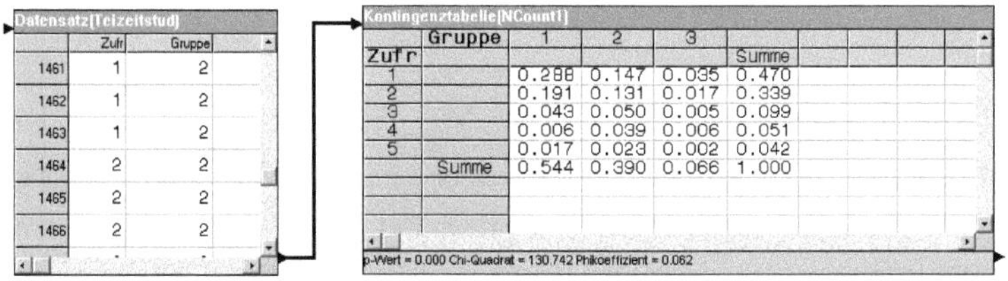

Abbildung 10.11. Kontingenztafel mit relativen Häufigkeiten

Bei Variablen mit vielen unterschiedlichen Realisationsmöglichkeiten wird i.d.R. für jede der beiden Variablen eine Klasseneinteilung vorgenommen und die Häufigkeitsverteilungen analog zur Situation nominal skalierter Variablen erstellt. Allerdings macht es zusätzlich Sinn, ein *Streudiagramm* der ursprünglichen Daten anzufertigen. Aus dieser Darstellung, in der einfach die Werte der einen gegen die der anderen Variablen als Punkte gezeichnet werden, lässt sich schon viel über einen möglichen Zusammenhang erkennen.

Beispiel 10.17 (Streudiagramm)
Im November 2001 veröffentlichte DMEuro Ergebnisse aus einer europäischen Studie, in der u.a. die Internationalität (gemessen als außereuropäischer Umsatzanteil in Prozent) und Finanzkraft (gemessen in Eigenkapitalquote in Prozent) von Firmen untersucht wurden. Diese Daten sind im Datensatz `firmen` untergebracht.

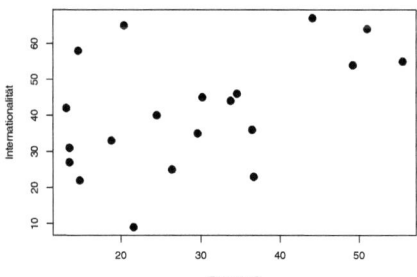

Abbildung 10.12. Streudiagramm

Andocken des Grafik-Wizard, wählen des Streudiagramms und Auswahl der gewünschten Variablen für die X- und die Y-Achse ergibt dann schon das

Streudiagramm 10.12. Hier ist nur eine schwache Tendenz zu sehen, dass die Internationalität mit der Finanzkraft wächst. ∎

Die Maßzahl, die diesen Zusammenhang erfasst, ist der *Korrelationskoeffizient von Bravais-Pearson*:

$$r_{XY} = \frac{s_{XY}}{s_X s_Y} \tag{10.13}$$

Dabei ist s_{XY} die *Kovarianz*, $s_{XY} = \frac{1}{n}\sum_{v=1}^{n}(x_v - \bar{x})(y_v - \bar{y})$. Der Korrelationskoeffizient ist betragsmäßig kleiner oder gleich 1. Bei $r_{XY} = 0$ spricht man von unkorrelierten Daten, im Fall $r_{XY} = \pm 1$ von einem perfekten linearen Zusammenhang.

Um einen Eindruck zu vermitteln, welche Streudiagramme eine hohe bzw. niedrige, eine positive bzw. negative Korrelation anzeigen, wurde eine Illustration ‚Korrelationen-Raten' im Labor vorbereitet. Es werden jeweils Streudiagramme erzeugt, zu denen man sich den Wert des Korrelationskoeffizienten angeben lassen kann.

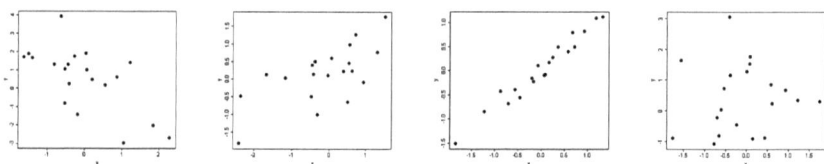

Abbildung 10.13. Streudiagramme mit unterschiedlicher Korrelation a) $r = -0.65$, b) $r = 0.66$, c) $r = 0.98$, d) $r = 0.07$

Neben dem Korrelationskoeffizienten von Bravais-Pearson ist auch der Rangkorrelationskoeffizient von Spearman von Bedeutung. Dieser ist einfach der Korrelationskoeffizient von Bravais-Pearson berechnet für die Rangwerte der Beobachtungen. Dazu werden die Beobachtungen durch ihre Platznummern in der aufsteigenden Anordnung ersetzt.

Beispiel 10.18 (Korrelation und Rangkorrelation)
Für 31 europäische Städte wurde die Entfernung des Flughafens vom Stadtmittelpunkt und der Preis für eine Taxifahrt ermittelt. Diese Angaben sind in dem Datensatz Airport unter den Variablen mit den Namen `Entf` und `Preis` gespeichert. Im konnektierten R-Kalkulator ergibt dann

```
print(cor(Entf,Preis))
```

die Ausgabe:

```
[1] 0.8217719
```

Die Rangkorrelation erhält man einfach mit

10.2 Bivariate Daten

```
print(cor(rank(Entf),rank(Preis)))
[1] 0.6342281
```

Beim Aufruf werden über `rank(Var)` die Werte der Variablen durch ihre Rangwerte ersetzt. Der Wert des Rangkorrelationskoeffizienten ist etwas kleiner als der des üblichen Korrelationskoeffizienten. ∎

11
Wahrscheinlichkeitsrechnung

Die Grundlage für die Wahrscheinlichkeitsrechnung bilden *Zufallsexperimente*. Sie sind dadurch charakterisiert, dass die Ergebnisse nicht exakt vorhersagbar sind und dass sie unter gleichen Bedingungen wiederholt werden können. Mengen von Ergebnissen werden als *Ereignisse* bezeichnet. Für Ereignisse gibt es eine eigene Sprechweise. So sagt man, dass ein Ereignis A eintritt, wenn ein Ergebnis e beobachtet wird, das zu A gehört, $e \in A$.

Wahrscheinlichkeiten sind dann für Ereignisse A definiert. $P(A)$ gibt die Chance für das Eintreten von A an. Im Sinne der statistischen Wahrscheinlichkeit ist dies der Wert, bei denen sich die relative Häufigkeit von A in langen Versuchsserien stabilisiert. Das *sichere Ereignis* E, das aus allen möglichen Ergebnissen besteht, hat die Wahrscheinlichkeit 1. Sonst gilt $0 \leq P(A) \leq 1$.

Ein einfaches Beispiel für ein Zufallsexperiment ist das *Gleichmöglichkeitsmodell*. Hier geht man von einem Zufallsexperiment mit N möglichen Ergebnissen aus, $E = \{1, 2, \ldots, N\}$. Für jedes Ereignis A wird dann die Wahrscheinlichkeit als Anteil der zu ihm gehörigen Ergebnisse $N(A)$ an allen vorhandenen N festgelegt:

$$P(A) = \frac{N(A)}{N}.$$

In vielen Umsetzungen ist es gar nicht so einfach, die zugehörigen Anzahlen N und $N(A)$ zu bestimmen. Zum Berechnen sind dann oft zwei kombinatorische Formeln von Bedeutung. Die Anzahl aller Anordnungen von k unterscheidbaren Objekten entspricht der Anzahl aller Permutationen $k! = 1 \cdot 2 \ldots k$. Zudem ist die Anzahl der Möglichkeiten, k markierte Objekte aus einer Menge von n Objekten auszuwählen, gleich $\binom{N}{k} = \frac{N!}{k!(n-k)!}$.

Eine Anwendung ist das Lotto ‚6 aus 49'. Die angekreuzten Zahlen auf einem Tippschein entsprechen den markierten Objekten. Die Anzahl aller möglichen Tipps beträgt also $\binom{49}{6}$. Den numerischen Wert der Wahrscheinlichkeit für 6 Richtige erhält man im Labor gemäß:

```
print(1/choose(49,6))
```
```
[1] 7.151124e-08
```

Wenn ein Zufallsexperiment mehrfach durchgeführt wird, so dass
- jeweils nur das Eintreten eines bestimmten Ereignisses A interessiert,
- sich die Wahrscheinlichkeit für das Eintreten von A nicht ändert,
- die Experimente unabhängig sind,

spricht man von einem *Bernoulli-Prozess*. Als Illustration eines solchen Bernoulli-Prozesses dient das *Galton-Brett*. In seiner physischen Variante besteht es aus mehreren Nagelreihen. Die Nägel einer Reihe sind in gleichen Abständen nebeneinander eingeschlagen; die Reihen haben ebenfalls gleiche Abstände. Dabei sind die Reihen so gegeneinander verschoben, dass die Nägel zweier aufeinanderfolgender Reihen jeweils mittig sind. Nun wird das Brett aufgestellt und wiederholt eine Kugel auf einen der obersten Nägel fallen gelassen. Mit einer Wahrscheinlichkeit p springt die Kugel jeweils nach rechts, mit Wahrscheinlichkeit $1 - p$ nach links. Sie trifft auf einen Nagel der folgenden Reihe und mit gleichen Wahrscheinlichkeiten wie vorher wird sie nach links oder nach rechts abgelenkt. Illustriert wird dies in der Abbildung 11.1. Jede Reihe stellt eine Wiederholung eines Bernoulli-Experimentes dar, bei dem nur ein Ereignis, etwa ‚Ablenkung nach rechts' interessiert.

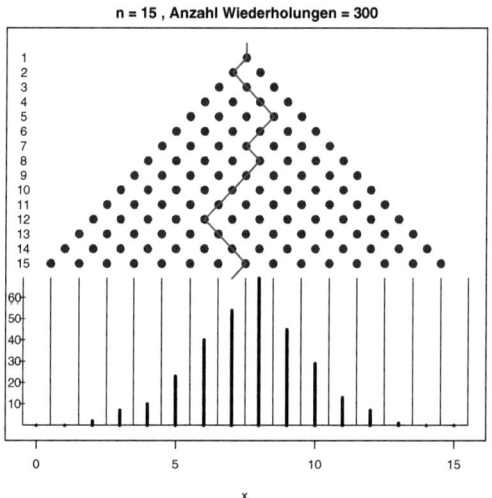

Abbildung 11.1. Labor-Realisierung des Galton-Bretts

11.1 Zufallsvariablen

Mit Variablen können leicht viele relevante Ereignisse angegeben werden. $\{X = x\}$ steht für das Ereignis, das aus allen Ergebnissen besteht, bei denen die Variable X den Wert x annimmt. Entsprechend ist $\{X \leq x\}$ definiert.

11.1 Zufallsvariablen

Zufallsvariablen X sind nun statistische Variablen, bei denen allen derartigen Ereignissen Wahrscheinlichkeiten zugeordnet sind.
Speziell werden diskrete Variablen dadurch gekennzeichnet, dass die auflistbaren einzelnen Realisationsmöglichkeiten positive Wahrscheinlichkeiten tragen: $P(X = x_i) = p_i > 0$ für alle $x_1, x_2, \ldots$. p_i wird als *Wahrscheinlichkeitsfunktion* bezeichnet.
Eine bivariate diskrete Variable (X, Y) ist ein Paar von diskreten Zufallsvariablen. Die gemeinsame Wahrscheinlichkeitsfunktion ist gegeben durch $p_{ij} = P(X = x_i, Y = y_j)$. Die *Randverteilungen* erhält man durch Summenbildung:

$$P(X = x_i) = p_{i1} + \cdots + p_{iJ} = p_{i\cdot}, \quad P(Y = y_j) = p_{1j} + \cdots + p_{Ij} = p_{\cdot j}.$$

Weiterhin sind die bedingten Verteilungen definiert durch

$$P(X = x_i | Y = y_j) = \frac{p_{ij}}{p_{\cdot j}}, \quad P(Y = y_j | X = x_i) = \frac{p_{ij}}{p_{i\cdot}}.$$

Beispiel 11.1 (Rand- und bedingte Verteilungen)
Es sollen die beiden Randverteilungen zu der in einer Matrix gegebenen gemeinsamen Wahrscheinlichkeitsfunktion berechnet werden. Formal bekommt man sie durch die Aufsummierung der Einträge in den Zeilen (Randverteilung von X) bzw. in den Spalten (Randverteilung von Y). Sei die Matrix mit BI bezeichnet. Dann werden die Randverteilungen der Matrix BI für den ersten bzw. den zweiten Index bestimmt, indem im R-Kalkulator der Befehl

📝 `print(margin.table(BI,1))`

bzw.

📝 `print(margin.table(BI,2))`

aufgerufen wird.

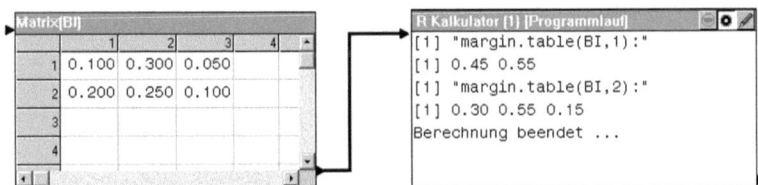

Abbildung 11.2. Randverteilungen einer bivariaten Wahrscheinlichkeitsverteilung

Die beiden bedingten Verteilungen bekommt man formal dadurch, dass die Eintragungen der Matrix zeilen- bzw. spaltenweise durch die Randverteilungen dividiert werden. Die Randverteilung der Zeilenvariablen X sei `px`, die der Spaltenvariablen Y sei `py`.

Die Elemente der Matrix BI sind also zeilenweise durch px und spaltenweise durch py zu dividieren. Damit dies möglich ist, sind die beiden Randverteilungen px und py in ‚richtige' Vektoren umzuwandeln. Dies geschieht gemäß px<-as.vector(px). Dann kann als erstes einfach BI/px gebildet werden. Denn wenn eine Matrix durch einen Vektor, dessen Länge der Anzahl der Zeilen entspricht, dividiert wird, so geschieht dies gerade zeilenweise. Also ergibt dies die beiden bedingten Verteilungen von Y.

Für die Randverteilung von X bei gegebenem Wert von Y (Spaltensumme) muss die Matrix erst transponiert werden, bevor sie durch die Randverteilung py dividiert werden kann. Anschließend wird sie wieder zurücktransponiert, damit die ursprüngliche Struktur wieder hergestellt wird. Insgesamt ergeben sich also die folgenden Aufrufzeilen, wobei gleich das jeweilige Ergebnis eingefügt wurde:

```
px<-margin.table(BI,1)
px<-as.vector(px)
print(BI/px)
          [,1]      [,2]      [,3]
[1,] 0.2222222 0.6666667 0.1111111
[2,] 0.3636364 0.4545455 0.1818182
py<-margin.table(BI,2)
py<-as.vector(py)
print(t(t(BI)/py))
          [,1]      [,2]      [,3]
[1,] 0.3333333 0.5454545 0.3333333
[2,] 0.6666667 0.4545455 0.6666667
Berechnung beendet ...
```

Bei stetigen Zufallsvariablen sind die Punktwahrscheinlichkeiten $P(X = x)$ alle null. Daher ist die *Verteilungsfunktion* $F(x) = P(X \leq x)$ zentral. Kann $F(x)$ in der Form

$$F(x) = \int_{-\infty}^{x} f(t)\, dt \qquad (11.1)$$

dargestellt werden, so heißt $f(x)$ die *Dichtefunktion* oder kurz *Dichte* der Verteilung. Für Dichtefunktionen gilt stets $f(x) \geq 0$ und $\int_{-\infty}^{\infty} f(t)\, dt = 1$. In der Regel werden stetige Verteilungen über ihre Dichten angegeben.

Der relevanteste Lageparameter theoretischer Verteilungen ist der *Erwartungswert* $E(X)$:

$$E(X) = \begin{cases} \sum_i x_i p_i & \text{falls } X \text{ diskret} \\ \int_{-\infty}^{\infty} x f(x)\, dx & \text{falls } X \text{ stetig.} \end{cases} \qquad (11.2)$$

Für $E(X)$ wird oft einfach μ geschrieben.
Der Erwartungswert $E(g(X))$ einer Funktion $g(X)$ ist

11.2 Spezielle Verteilungen

$$\mathrm{E}(g(X)) = \begin{cases} \sum_i g(x_i) p_i & \text{falls } X \text{ diskret} \\ \int_{-\infty}^{\infty} g(x) f(x)\, dx & \text{falls } X \text{ stetig.} \end{cases} \quad (11.3)$$

Damit erhält man, dass der Erwartungswert linear ist: $\mathrm{E}(a + bX) = a + b\mathrm{E}(X)$. Zudem darf man den Erwartungswert von Summen als Summen von Erwartungswerten schreiben.
Die theoretische *Varianz* $\mathrm{Var}(X) = \mathrm{E}((X - \mu)^2) = \mathrm{E}(X^2) - \mathrm{E}(X)^2$ bzw. die Standardabweichung $\sqrt{\mathrm{Var}(X)}$ ist ein Maß für die Streuung. Für sie gilt $\mathrm{Var}(a + bX) = b^2 \mathrm{Var}(X)$. Nur bei Unkorreliertheit zweier Zufallsvariablen X und Y, d.h. wenn der *Korrelationskoeffizient* $\mathrm{Corr}(X, Y)$ null ist,

$$\mathrm{Corr}(X, Y) = \frac{\mathrm{Cov}(X, Y)}{\sqrt{\mathrm{Var}(X)\mathrm{Var}(Y)}} = \frac{\mathrm{E}((X - \mu_X)(Y - \mu_Y))}{\sqrt{\mathrm{Var}(X)\mathrm{Var}(Y)}} = 0,$$

lässt sich die Varianz einer Summe als Summe der einzelnen Varianzen schreiben.
Dass mit der Varianz σ^2 bzw. mit der Standardabweichung σ einer Zufallsvariablen die Ausbreitung einer Verteilung erfasst wird, wird anhand der *Tschebyschev-Ungleichung* für Wahrscheinlichkeitsverteilungen deutlich:

$$\mathrm{P}(\mu - k\sigma \leq X \leq \mu + k\sigma) \geq 1 - \frac{1}{k^2}. \quad (11.4)$$

11.2 Spezielle Verteilungen

Wichtige diskrete Verteilungen sind:

Verteilung	Kurzform	Wahrscheinlichkeitsfunktion
hypergeometrische V.	$\mathcal{H}(N, M, n)$	$\mathrm{P}(X = x) = \dfrac{\binom{M}{x}\binom{N-M}{n-x}}{\binom{N}{n}}$ für $\max\{0, n - (N - M)\} \leq x \leq \min\{n, M\}$
Binomialv.	$\mathcal{B}(n, p)$	$\mathrm{P}(X = x) = \binom{n}{x} p^x (1-p)^{n-x}$ für $x = 0, 1, 2, ..., n$;
geometrische V.	$\mathcal{G}(p)$	$\mathrm{P}(X = x) = (1-p)^x p$ für $x = 0, 1, 2, ...$;
Poisson-V.	$\mathcal{P}(\lambda)$	$\mathrm{P}(X = x) = e^{-\lambda} \dfrac{\lambda^x}{x!}$ für $x = 0, 1, 2, ...$;
negative Binomialv.	$\mathcal{NB}(k, p)$	$\mathrm{P}(X = x) = \binom{x+k-1}{x} p^k (1-p)^x$ für $x = 0, 1, 2, ...$.

Wie in der Übersicht auf Seite 51 angegeben, gibt es für verschiedene Verteilungen Funktionen zur Berechnung von Wahrscheinlichkeiten und Quantilen. Deren Bestimmung gehört zu den Standardfragestellungen der Statistik.

Beispiel 11.2 (Wahrscheinlichkeiten bei diskreten Verteilungen)
Ein Restaurant hat Anfang der 1990er Jahre einen großen Posten Geschirr aus den Beständen des Palastes der Republik bezogen. Nach einer Zeit stellt sich heraus, dass bei 20 Prozent der Teller der Schriftzug $\mathcal{PR}$ verlaufen ist. Es interessieren nun folgende Fragen:

1. Ein Kellner trägt 10 Teller zu einem Tisch. Wie groß ist die Wahrscheinlichkeit, dass bei genau sieben Tellern der Schriftzug nicht verlaufen ist? Hier ist die interessierende Zufallsvariable $X = $ ‚Anzahl der Teller mit nicht verlaufender Schrift' zumindest approximativ binomialverteilt, i.Z. $X \sim \mathcal{B}(10, 0.8)$. Daher ist die gesuchte Wahrscheinlichkeit:

   ```
   print(dbinom(7,10,0.8))  # Der Anfangsbuchstabe d vor der
                            # Verteilung steht für die
                            # Wahrscheinlichkeitsfunktion.
   [1] 0.2013266
   ```

2. Wie groß ist die Wahrscheinlichkeit, dass von 20 Tellern mindestens bei 16 die Schrift in Ordnung ist?
   Die interessierende Zufallsvariable X hat nun eine $\mathcal{B}(20, 0.8)$-Verteilung. Gefragt ist die Wahrscheinlichkeit $P(X \geq 16)$:

   ```
   print(1-pbinom(15,20,0.8))  # Der Anfangsbuchstabe p vor
                               # der Verteilung steht für
                               # die Verteilungsfunktion.
   [1] 0.6296483
   ```

3. Wie groß ist die Wahrscheinlichkeit, dass der Kellner an einem Abend mindestens 5 Teller ohne verlaufener Schrift austeilen kann, bevor er einen mit nicht mehr einwandfreier Schrift aufträgt? Gefragt ist hier nach der Wahrscheinlichkeit $P(Y \geq 5)$, wenn Y die Anzahl der aufgetragenen korrekten Teller vor dem ersten mit verlaufener Schrift ist. Bezeichnet dies einen ‚Erfolg', so ist Y die Anzahl der Fehlversuche vor dem ersten Erfolg; mithin ist Y geometrisch verteilt, $Y \sim \mathcal{G}(0.2)$. Wegen $P(Y \leq y) = 1 - (1-p)^{y+1}$ erhält man:

   ```
   p<-1-(1-0.2)^5
   print(p)
   [1] 0.32768
   ```

4. Nachdem die mit Fehlern behafteten Teller zum größten Teil ausgemustert sind und durch einwandfreie ersetzt sind, beträgt ihr Anteil im Bestand nur noch 2/1000. Wie groß ist dann die Wahrscheinlichkeit, dass eintausend Gästen kein fehlerhafter Teller mehr vorgesetzt wird?

11.2 Spezielle Verteilungen

Entsprechend zu den ersten Situationen ist die Zufallsvariable $X = $ ‚Anzahl der Teller ohne Fehler' binomialverteilt, $X \sim \mathcal{B}(1000, 2/1000)$. Die Verteilung lässt sich mit der Poisson-Verteilung mit dem Parameter $n \cdot p = 1000 \cdot 2/1000 = 2$ approximieren, da die Anzahl der Versuche sehr groß und die Erfolgswahrscheinlichkeit sehr klein ist. Beides kann leicht berechnet werden:

```
print(dbinom(0,1000,2/1000))# Der Anfangsbuchstabe d vor
print(dpois(0,2))           # der Verteilung steht für die
                            # Wahrscheinlichkeitsfunktion.
```

```
[1] 0.1350645
[1] 0.1353353
```

Die Übereinstimmung ist sehr gut, die Approximation durchaus verwendbar. ∎

Zur Entscheidung, welche der eingangs in der Übersicht genannten diskreten Verteilungen – mit Ausnahme der hypergeometrischen Verteilung – für einen Datensatz als Modell geeignet ist, kann ein *Auswahldiagramm* herangezogen werden. Dieses basiert darauf, dass die Werte $x_i \cdot P(X = x_i)/P(X = x_{i-1})$ in Abhängigkeit von x_i für die angegebenen Verteilungen alle auf einer Geraden liegen und bei den Verteilungen die Kombination von zugehörigen Achsenabschnitt und Steigung unterschiedlich sind. Dementsprechend werden die Punkte (x_i, q_i), $q_i = x_i \cdot n_i/n_{i-1}$, in ein Diagramm eingezeichnet und eine Ausgleichsgerade durch die Punktewolke gelegt. Je nach Achsenabschnitt und Steigung wird eine der Verteilungen favorisiert:

Verteilung	Achsenabschnitt	Steigung
Binomialverteilung	+	−
geometrische Verteilung	0	+
Poisson-Verteilung	+	0
negative Binomialverteilung	±	+

Hat man eine der Verteilungen als Kandidaten ermittelt, so wird man die zu erwartenden Häufigkeiten $n \cdot P(X = x)$ den empirischen gegenüberstellen, um zu sehen, ob die Übereinstimmung zufriedenstellend ist. Dazu sind die unbekannten Parameter der Verteilungen aus der Stichprobe zu ermitteln. Im ersten Ansatz reichen dafür folgende Näherungen aus:

Verteilung	Parameter	Schätzwert
Binomialv.	p	$\hat{p} = \dfrac{x}{n}$
Poisson- V.	λ	$\hat{\lambda} = \bar{x}$
Geometrische V.	p	$\hat{p} = \dfrac{1}{\bar{x} + 1}$
negative Binomialv.	p, k	$\hat{p} = \dfrac{\bar{x}}{s^2},\ \hat{k} = \bar{x} \cdot \dfrac{\hat{p}}{1 - \hat{p}}$

Beispiel 11.3 (Bestimmung eines diskreten Verteilungsmodells)
Große Bibliotheken sammeln oft Daten über die Zirkulation von Büchern. Eine der interessierenden Variablen ist dann die Häufigkeit X, mit der ein Buch in einem bestimmten Zeitraum (etwa ein Jahr) ausgeliehen wurde. Für die Hillman Bibliothek der Universität Pittsburgh geben Burrell und Cane (1982) die entsprechenden Häufigkeiten an.

x_i	1	2	3	4	5	6	7	8
n_i	63526	25653	11855	6055	3264	1727	931	497
x_i	9	10	11	12	13	14	15	16
n_i	275	124	68	28	13	6	9	4

Für diesen Datensatz soll nun ein diskretes Verteilungsmodell bestimmt werden. Dazu wird ein Auswahldiagramm erstellt. Dies geschieht gemäß folgender Befehle:

```
x<-c(2:16)   # Die Darstellung benötigt x-Werte ab dem 2ten.
n<-c(63526,25653,11855,6055,3264,1727,931,497,275,
     124,68,28,13,6,9,4)
q<-x*n[2:16]/n[1:15] # Über die Indizes wird erreicht, dass
                     # n[i]/n[i-1] berechnet wird.
```

Sind die benötigten Vektoren erzeugt, kann ein am R-Kalkulator angehängter Grafik-Wizard verwendet werden, um das Streudiagramm zu erzeugen. Dabei kann auch die Option ‚Regressionsgerade anzeigen' gewählt werden.

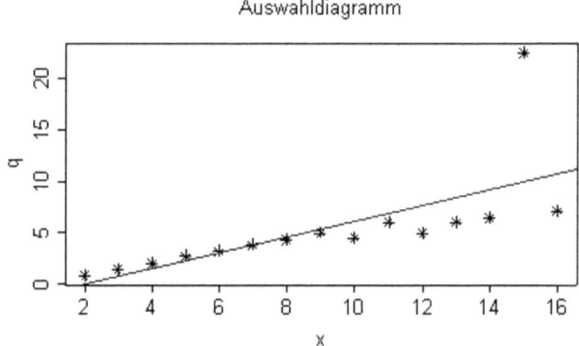

Abbildung 11.3. Auswahldiagramm für Ausleihhäufigkeiten von Büchern

Das in der Abbildung 11.3 wiedergegebene Streudiagramm weist auf eine lineare Tendenz hin - bis auf den einen sehr extremen Punkt bei $x = 15$. Dieser beeinflusst natürlich die Ausgleichsgerade sehr stark. Es ist aber auch so zu erkennen, dass die eigentliche Ausgleichsgerade eine positive Steigung und einen positiven Achsenabschnitt hat. Dies legt eine negative Binomialverteilung nahe. Da der Achsenabschnitt sich nur wenig von null unterscheidet, werden die

11.2 Spezielle Verteilungen

Häufigkeiten mit den erwarteten Häufigkeiten einer geometrischen Verteilung verglichen. Der Parameter p der geometrischen Verteilung wird dazu, wie in der Übersicht angegeben, durch $\hat{p} = 1/(\bar{x}+1)$ geschätzt.

```
n1 <- sum(n)                    # Anzahl der Beobachtungen
m <- sum(x*n)/sum(n)            # Berechnung des a. Mittels
phat <- 1/(m+1)
e <- n1*phat*(1-phat)^(x-1)     # erwartete Häufigkeiten
e<-round(e)                     # Runden der Werte für bessere
                                # Übersichtlichkeit
print(cbind(x,n,e))
```

```
        x     n      e
 [1,]   1 63526  39278
 [2,]   2 25653  25749
 [3,]   3 11855  16880
 [4,]   4  6055  11066
 [5,]   5  3264   7255
 [6,]   6  1727   4756
 [7,]   7   931   3118
 [8,]   8   497   2044
 [9,]   9   275   1340
[10,]  10   124    878
[11,]  11    68    576
[12,]  12    28    377
[13,]  13    13    247
[14,]  14     6    162
[15,]  15     9    106
[16,]  16     4     70
```

Die Gegenüberstellung zeigt, dass die geometrische Verteilung als Modell nicht überzeugend ist. Als nächstes wäre doch eine negative Binomialverteilung zu betrachten. ∎

Eine wichtige stetige Verteilungen ist die *Exponentialverteilung*, i.Z. $\mathcal{E}(\lambda)$. Ihre Dichtefunktion lautet:
$$f(x) = \lambda e^{-\lambda x}, \ x > 0.$$

Der Erwartungswert ist $E(X) = 1/\lambda$, die Varianz $\text{Var}(X) = 1/\lambda^2$. Einen Schätzwert für λ erhält man daher mit dem arithmetischen Mittel $\bar{x}$ zu $\hat{\lambda} = 1/\bar{x}$.

Die Exponentialverteilung wird häufig als Modell herangezogen, wenn die interessierende Variable eine Wartezeit ist.

Beispiel 11.4 (Histogramm und Exponentialverteilungsdichte)
Sprachwissenschaftler interessieren sich unter anderem für die Häufigkeiten einzelner Buchstaben in verschiedenen Texten. Auch der Abstand zwischen dem Auftreten des jeweils gleichen Buchstabens ist von Interesse. Der Abstand

zwischen zwei gleichen Buchstaben kann dabei als ‚Warten auf den nächsten gleichen Buchstaben' interpretiert werden. Somit ist zu vermuten, dass der Abstand ebenfalls durch eine Exponentialverteilung modelliert werden kann. Unter diesem Vorzeichen wurde in dem Buch ‚The Sexual Wilderness' von Vance Packard jeweils die Länge von Zeilenanfang ($= X$) bis zum ersten Auftreten des Buchstabens a ausgemessen. Kam in einer Zeile kein a vor, so wurde die gesamte Zeilenlänge (3.3 inch) der Strecke der folgenden Zeile hinzuaddiert. Insgesamt erhielt man 1980 Werte; siehe Griffin, Smith und Watts (1982).

Die Daten sind in einem dreispaltigen Datensatz gegeben; die Variablen sind Klassenuntergrenze u, Klassenobergrenze o und Klassenhäufigkeit n. Dann ergibt die folgende Befehlssequenz die Abbildung 11.4:

```
n1 <- sum(n)               # Anzahl Beobachtungen
h <- n/n1                  # relative Häufigkeiten
m <- sum(((u+o)/2)*h)      # a. Mittel mit Klassenmitten
lambda <- 1/m              # Schätzwert für lambda
f<-h/(o-u)                 # Werte der Häufigkeitsdichte
plot(u,f,type="s",xlab="Entfernung",ylab="f(x)")
                           # Durch type="s" werden Stufen
                           # geplottet
lines(u,lambda*exp(-lambda*u))   # Hinzufügen der Dichte
title("Histogramm und Dichtefunktion")
```

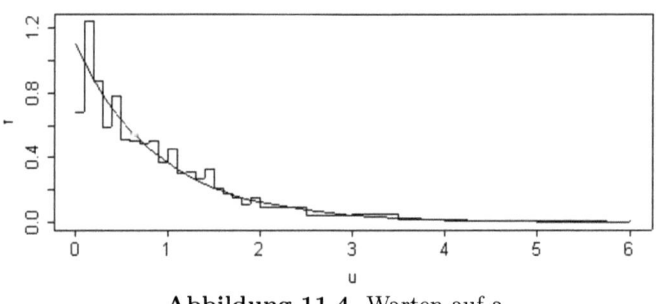

Abbildung 11.4. Warten auf a ∎

Zur Überprüfung der Frage, ob eine stetige Verteilung ein angemessenes Modell für einen Datensatz ist, ist ein *theoretisches Quantildiagramm*, kurz *QQ-Diagramm*, geeignet. Hierbei werden die empirischen gegen die zugehörigen theoretischen Quantile abgetragen. Sofern die Verteilung passt, sollten die empirischen und die theoretischen Quantile in etwa übereinstimmen, die Punkte also auf einer Geraden liegen. Die geordneten beobachteten Werte $x_{(v)}$ des Datensatzes sind die empirischen v/n-Quantile. Diese werden den theoreti-

11.2 Spezielle Verteilungen

schen $(v - 0.5)/n$-Quantilen gegenübergestellt. Die Subtraktion von 0.5 ist eine Stetigkeitskorrektur, die eine Verbesserung darstellt.
Bei der Exponentialverteilung ergeben sich die theoretischen Quantile zu

$$t_p = -\frac{1}{\lambda} \ln(1-p).$$

Man kann das Diagramm einfach mit $\lambda = 1$ erstellen; dann sollten die Punkte um eine Gerade mit der Steigung $1/\lambda$ streuen.

Beispiel 11.5 (QQ-Diagramm bei Exponentialverteilung)
In einem Experiment wurde bei 19 Versuchswiederholungen jeweils die Zeit bis zum Zusammenbruch der isolierenden Wirkung einer Flüssigkeit ermittelt. Die Daten stammen aus Nelson, W. (1982). Das QQ-Diagramm ist in der Abbildung 11.5 angegeben. Für die eingezeichnete Gerade wurde ausgenutzt, dass $\bar{x}$ als Näherungswert für $E(X)$ und somit für $1/\lambda$ dienen kann.

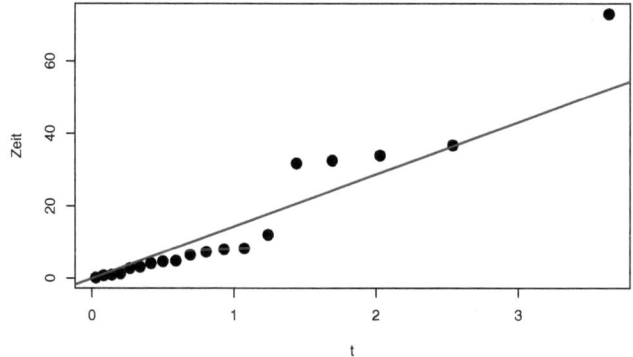

Abbildung 11.5. QQ-Diagramm für Exponentialverteilung

Auch wenn man berücksichtigt, dass der Umfang des Datensatzes eher klein ist, scheint die Exponentialverteilung für diese Daten als Näherung wenig brauchbar. Einmal gibt es einen extremen Wert; dann weist die Abweichung der Punkte von der Geraden eine Systematik auf.
Der Code zur Erzeugung der Abbildung ist im Folgenden angegeben. Da die Punkte erst berechnet werden müssen und zudem die Ausgleichsgerade hinzugefügt werden soll, macht es Sinn, ein R-Grafik-Objekt für die Dartstellung zu verwenden.
Es ist übrigens zu beachten, dass die Daten schon geordnet sind. Wäre das nicht der Fall, müsste man sie zuerst mit `sort` aufsteigend anordnen.

```
📝 Zeit<-c(0.19, 0.78, 0.96, 1.31, 2.78, 3.16, 4.15, 4.67,
         4.85, 6.50, 7.35, 8.01, 8.27, 12.06, 31.75, 32.52,
         33.91, 36.71, 72.89)
   n<-length(Zeit)          # Umfang des Datensatzes
   p <- (c(1:n)-0.5)/n      # Bestimmung der p's für die Quantile
   t<- -log(1-p)            # Quantile gemäß obiger Formel
   plot(t,Zeit,type="p")
   abline(0,mean(Zeit))
```
∎

11.3 Die Normalverteilung

Eine Zufallsvariable X ist normalverteilt, i.Z. $X \sim \mathcal{N}(\mu, \sigma^2)$, wenn ihre Dichte gegeben ist durch

$$f(x) = \frac{1}{\sqrt{2\pi\sigma^2}} \exp\left(-\frac{1}{2}\frac{(x-\mu)^2}{\sigma^2}\right). \quad (11.5)$$

Speziell heißt die *Normalverteilung* mit $\mu = 0$ und $\sigma^2 = 1$ *Standardnormalverteilung*; ihre Verteilungsfunktion wird mit $\Phi(z)$ bezeichnet. Hier stimmen die Bezeichnungen der Parameter mit der ihnen auch sonst zugedachten Bedeutung überein; es ist $E(X) = \mu$ und $Var(X) = \sigma^2$. Die Standardisierung $Z = (X-\mu)/\sigma$ überführt jede Normalverteilung in die Standardnormalverteilung.

Die Normalverteilung ist die wohl wichtigste Verteilung für die statistische Modellierung von Datensätzen. Erfahrungsgemäß gehorchen Messfehler häufig zumindest approximativ einer Normalverteilung. Dies wird dadurch erklärt, dass bei der Entstehung von Messfehlern eine Vielzahl von Ursachen zusammenwirken. Somit wird diese Verteilung bei vielen Fehlerbetrachtungen zu Grunde gelegt.

Die Rechtfertigung dieses Vorgehens basiert wesentlich auf dem *zentralen Grenzwertsatz*. Danach ist die Summe von unabhängigen Zufallsvariablen X_v mit gleichem Erwartungswert μ und gleicher Varianz σ^2 approximativ normalverteilt. Dies wird folgendermaßen ausgedrückt:

$$\frac{\sum_{v=1}^{n} X_v - n\mu}{\sqrt{n\sigma^2}} \stackrel{.}{\sim} \mathcal{N}(0,1). \quad (11.6)$$

Beispiel 11.6 (Histogramm und Normalverteilungsdichte)
Griffin, Smith und Watts (1982) geben tabellarisch die empirische Verteilung von 3000 Durchschnittswerten der Länge von Piniennadeln an. Jeder Durchschnittswert beruht auf jeweils 250 Messungen. Dieser Datensatz gibt die Möglichkeit, zu überprüfen, ob der Stichprobenumfang von $n = 250$ schon groß genug ist, um in diesem Fall die arithmetischen Mittel als normalverteilt ansehen zu können. Mit einer Summe von identisch verteilten Zufallsvariablen ist ja auch der Durchschnitt approximativ normalverteilt.

11.3 Die Normalverteilung

Das arithmetische Mittel der durchschnittlichen Längen wird mit 3.186, die Standardabweichung mit 0.02823 angegeben. Das in der Abbildung 11.6 wiedergegebene Histogramm mit einer überlagerten Normalverteilungsdichte mit den Parametern, die gerade dem Mittelwert und der Varianz der Daten entsprechen, wird in der folgenden Befehlssequenz erstellt. Die Daten sind dabei als Datensatz mit drei Variablen gespeichert; in den Spalten stehen die Klassenuntergrenzen u, die Klassenobergrenzen o und die Häufigkeitsdichte f.

```
plot(u,f,type="s",ylab="f^(x)",ylim=c(0,15))
                # type="s" erzeugt Treppenstufen
                # Mit ylim wird der Bereich der y-Achse so
                # festgelegt, dass auch die Normalvertei-
                # lungsdichte vollständig gezeichnet wird.
m<-3.186
s<-0.02823
x<-seq(3,3.3,by=0.001)
ft<-dnorm(x,m,s)   # d vor der dem Verteilungstyp steht für
                   # die Dichtefunktion.
lines(x,ft,lwd=2)
```

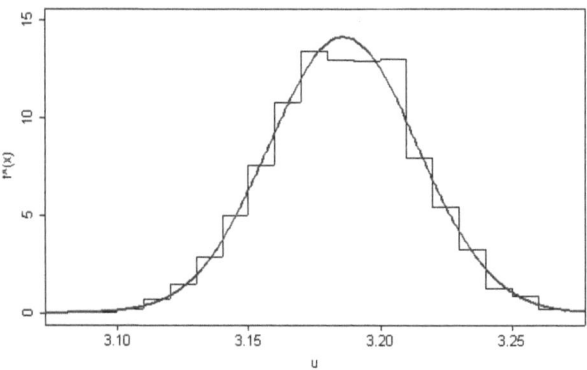

Abbildung 11.6. Histogramm ‚Durchschnittliche Piniennadellänge' und Normalverteilungsdichte

Wie die Abbildung 11.6 zeigt, approximiert die Normalverteilungsdichte das Histogramm recht gut. Hier kann man ohne Bedenken von der Normalapproximation Gebrauch machen. ∎

Standardfragestellungen bzgl. der Normalverteilung betreffen die Ermittlung von Wahrscheinlichkeiten und Quantilen.

Beispiel 11.7 (Wahrscheinlichkeiten und Quantile bei der NV.)
Eine Reifenfirma untersucht die Lebensdauer eines neu entwickelten Reifens. Dabei zeigt sich, dass die ermittelte Laufleistung der Reifen gut durch eine

Normalverteilung mit den Parametern $\mu = 36000$ km und $\sigma = 4000$ km angenähert werden kann. Speziell sind nun folgende Fragen von Interesse:

1. Wie groß ist die Wahrscheinlichkeit dafür, dass ein zufällig ausgewählter Reifen höchstens 48.000 km hält?
2. Wie groß ist die Wahrscheinlichkeit dafür, dass ein zufällig ausgewählter Reifen mehr als 28.000 km hält?
3. Wie groß ist die Wahrscheinlichkeit dafür, dass ein zufällig ausgewählter Reifen länger als 30.000 km und weniger als 44.000 km hält?

Mit Hilfe der implementierten Verteilungsfunktion pnorm ergeben sich die Antworten:

```
mu<-36000; sig<-4000
print(pnorm(48000,mean=mu,sd=sig))      # p vor der dem Ver-
                                         # teilungstyp steht
print(1-pnorm(28000,mean=mu,sd=sig))    # für die Verteilungs-
                                         # funktion.
d<-pnorm(44000,mean=mu,sd=sig)-pnorm(30000,mean=mu,sd=sig)
print(d)
```
```
[1] 0.9986501
[1] 0.9772499
[1] 0.9104427
```

Weiter lässt sich fragen:

4. Welche Laufleistung wird von 95% der Reifen nicht überschritten?
5. Welche Laufleistung wird von 90% der Reifen nicht unterschritten?

Hier wird die Inverse der Verteilungsfunktion, die Quantilsfunktion, eingesetzt:

```
mu<-36000, sig<-4000
print(qnorm(0.95,mean=36000,sd=4000))   # q vor der dem Ver-
                                         # teilungstyp steht
print(qnorm(0.1,mean=36000,sd=4000))    # für die Quantile.
```
```
[1] 42579.41
[1] 30873.79
```

Um die Eignung der Normalverteilung für die Beschreibung eines Datensatzes zu untersuchen, sind QQ-Diagramme besonders günstig, vergleiche Seite 130.

Beispiel 11.8 (QQ-Diagramm bei Normalverteilung)
In einem Artikel von Mackowiak, Wasserman, and Levine (1992) geht es um die Frage, ob die mittlere Körpertemperatur tatsächlich 98.6 °F, bzw. 37.0 °C beträgt. Aus den dort veröffentlichten Abbildungen sind die Daten der Körpertemperatur von Männern rekonstruiert. Die Daten stehen als Datensatz in einem Arbeitsblatt zur Verfügung. Ein QQ-Diagramm mit zugehöriger Ausgleichsgerade lässt sich elementar mit der folgenden Befehlssequenz erstellen:

11.3 Die Normalverteilung

> qqnorm(Temp)
> abline(mean(Temp),sd(Temp))

Verschönern kann man es durch Setzen von optionalen Parametern, die etwa die Farbe und Achsenbeschriftung steuern. So lautet die Befehlssequenz zur Erstellung der Abbildung:

> qqnorm(Temp,col="blue",xlab="theoretische Quantile",
> ylab="empirische Quantile")
> abline(mean(Temp),sd(Temp),col="red")

Das zugehörige QQ-Diagramm 11.7 zeigt, dass die Körpertemperatur als normalverteilt angesehen werden kann.

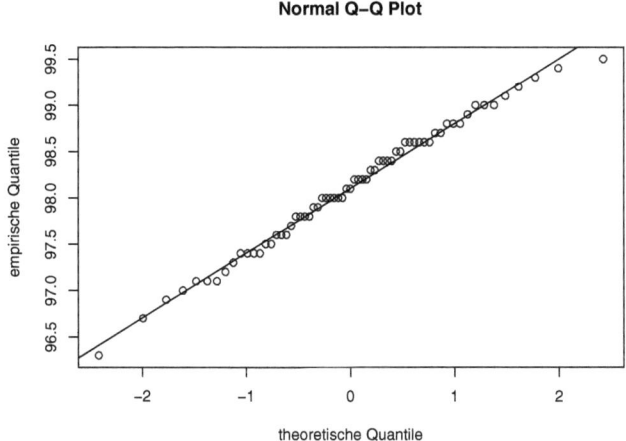

Abbildung 11.7. QQ-Diagramm für Normalverteilung der Körpertemperaturen

12
Stichproben und Punktschätzungen

12.1 Stichproben

Als *Stichproben* werden unabhängige, identisch verteilte Zufallsvariablen bezeichnet. Dafür wird $X_1, X_2, \ldots, X_n$ geschrieben, um kenntlich zu machen, dass die gleiche Zufallsvariable wiederholt beobachtet wird. Daraus werden *Stichprobenfunktionen* gewonnenen, wie das arithmetische Mittel $\bar{X} = \frac{1}{n}\sum_{v=1}^{n} X_v$ oder die Varianz $S^2 = \frac{1}{n}\sum_{v=1}^{n}(X_v - \bar{X})^2$. Von Stichprobenfunktionen interessieren wieder die Verteilungen, die so genannten *Stichprobenverteilungen*. Eine einfache Aussage ist als $\sqrt{n}$-*Gesetz* bekannt:

$$\sigma_{\bar{X}} = \sqrt{\mathrm{Var}(\bar{X})} = \frac{\sigma_X}{\sqrt{n}}. \qquad (12.1)$$

Der *zentrale Grenzwertsatz* 11.6 sagt weiter gehend, dass die Summe von unabhängigen Zufallsvariablen mit gleichem Erwartungswert und gleicher Varianz approximativ normalverteilt sind. Von einigem Interesse ist natürlich, ab wann diese Approximation für praktische Zwecke ausreichend ist, wie groß die Anzahl der Summanden sein muss, damit die Summe als normalverteilt angesehen werden kann. Hierzu werden Simulationsstudien durchgeführt. Ausgehend von konkreten Verteilungsmodellen werden Zufallszahlen aus diesen Verteilungen generiert und Summen gebildet. Dann wird untersucht, wie die Übereinstimmung der empirischen Verteilungsfunktion dieser Summen mit der Normalverteilung aussieht, wenn viele Summen erzeugt wurden.

Beispiel 12.1 (Simulation zum zentralen Grenzwertsatz)
Um zu sehen, ob schon bei $n = 10$ Summanden aus einer Gleichverteilung die Summe $X = \sum_{v=1}^{n} U_v$ hinreichend normal ist, werden 1000 derartige Summen erzeugt. Die Überprüfung geschieht mit einem QQ-Diagramm; dieses erlaubt am ehesten, Abweichungen von der Normalverteilung zu erkennen.

```
S<-rep(0,1000)
for (i in 1:1000) { x<-runif(10); S[i]<-sum(x) }
qqnorm(S)
```

Die zugehörige Grafik ist dann in der Abbildung 12.1 wiedergegeben.

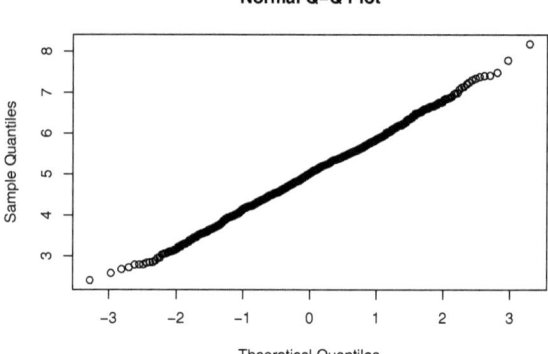

Abbildung 12.1. Überprüfung der Normalverteiltheit einer Summe von gleichverteilten Zufallszahlen

An den Rändern gibt es noch geringfügige Abweichungen von der Geraden und mithin von der Normalverteilung. Im zentralen Bereich liegen aber die Punkte im Wesentlichen auf einer Geraden; die Übereinstimmung ist schon gut. ∎

Daneben ist das *schwache Gesetz der großen Zahlen* von Bedeutung:

$$\lim_{n \to \infty} \mathrm{P}(|\bar{X} - \mu| \leq \epsilon) = 1 \,. \tag{12.2}$$

Mit Worten sagt das Gesetz der großen Zahlen, dass das arithmetische Mittel immer seltener weit vom tatsächlichen Erwartungswert weg ist, je größer der Stichprobenumfang ist. Es gilt auch für relative Häufigkeiten in Verbindung mit Wahrscheinlichkeiten, da sich diese als arithmetische Mittel darstellen lassen, die gerade die Wahrscheinlichkeiten als Erwartungswerte besitzen.

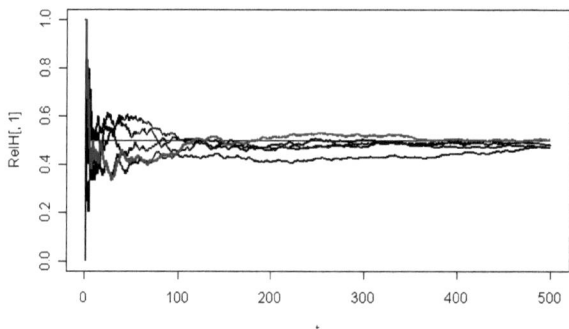

Abbildung 12.2. Labor-Illustration der Entwicklung der relativen Häufigkeit bei einem Bernoulli-Prozess mit $p = 0.5$

Der *Satz von Glivenko-Cantelli* stellt eine Verbindung zwischen der empirischen und der theoretischen Verteilungsfunktion her. Er lautet (in seiner schwachen Form):

$$\lim_{n\to\infty} P(\sup_{-\infty<x<\infty} |\hat{F}_n(x) - F(x)| \leq \epsilon) = 1 \qquad (\epsilon > 0). \qquad (12.3)$$

Dieser Satz ist auch die Grundlage für das Beispiel 12.1.

12.2 Schätzfunktionen

Schätzfunktionen oder *Schätzer* $\hat{\theta}$ sind Stichprobenfunktionen, deren Realisationen als Schätzwerte für unbekannte Parameter θ verwendet werden sollen. Ihre Eigenschaften werden anhand der Verteilungen der Stichprobenfunktionen, der Stichprobenverteilungen, untersucht. Das grundlegende Maß ist der *mittlere quadratische Fehler*:

$$MQF(\hat{\theta}, \theta) = E(\hat{\theta} - \theta)^2 = \text{Var}(\hat{\theta}) + (E(\hat{\theta}) - \theta)^2. \qquad (12.4)$$

Diejenige Schätzfunktion ist die beste, welche insgesamt den kleinsten Wert des MQF hat. Allerdings findet man eine beste nur in der eingeschränkten Klasse der *unverfälschten* oder *erwartungstreuen Schätzer*. Das sind die, für die gilt $E(\hat{\theta}) = \theta$. Hier ist der zweite Term auf der rechten Seite von (12.4), der *Bias*, null. Unverfälschtheit ist eine Art Indikator dafür, dass man das Richtige schätzt.

Konsistent ist eine Schätzfunktion, wenn $MQF(\hat{\theta}, \theta) \to 0$ für $n \to \infty$. Dann schätzt sie den Parameter mit wachsendem Stichprobenumfang immer besser.

Eigenschaften von Schätzfunktionen sind theoretische Konzepte, die sich auf die Verteilung der Schätzfunktionen beziehen. Damit erfassen sie, was bei häufiger Anwendung für die Schätzungen im Mittel zu erwarten ist. Illustrieren lassen sich die Eigenschaften dementsprechend auch nur über Simulationen, mit denen man so tun kann, als würde man eine große Anzahl von Schätzungen durchführen.

Beispiel 12.2 (Eigenschaften von $\hat{\sigma}^2$ bei Normalverteilung)
Die theoretische Varianz σ^2 wird auf Basis einer Stichprobe $x_1, \ldots, x_n$ mittels $\hat{\sigma}^2 = \sum_{v=1}^{n}(x_v - \bar{x})^2/(n-1)$ und nicht mit $\sum_{v=1}^{n}(x_v - \bar{x})^2/n$ geschätzt. Mit einer Simulation kann nun verdeutlicht werden, warum für die Schätzung die Normierung mit $n - 1$ der mit n vorgezogen wird. Dazu werden wiederholt Stichproben aus einer Normalverteilung gezogen. Für jede Stichprobe werden $\hat{\sigma}^2$ (= s1) und die mit $1/n$ normierte Schätzung (= s2) berechnet. Für die beiden empirischen Verteilungen werden dann Histogramme gezeichnet.

```
s1<-rep(0,500)          # Initialisieren eines Vektors für die
                        # Varianzen mit 1/(n-1)
s2<-rep(0,500)          # Dito für die mit 1/n
   for (j in 1:500)     # Schleife für 500 Stichproben
   {
      x <- rnorm(10)    # Eine Stichprobe hat 10 Werte.
      s1[j]<-sum((x-mean(x))^2)/9
      s2[j]<-sum((x-mean(x))^2)/10
   }
par(mfrow=c(1,2))       # Darstellung der Histogramme
                        # in geteiltem Grafik-Fenster
hist(s1,breaks=27,xlim=c(0,4))# xlim bewirkt, dass x-Achse
hist(s2,breaks=27,xlim=c(0,4))# bei beiden gleich lang ist.
                        # Dies sichert die Vergleich-
                        # barkeit.
print(mean(s1))
print(mean(s2))
```

```
[1] 0.989558
[1] 0.8906022
```

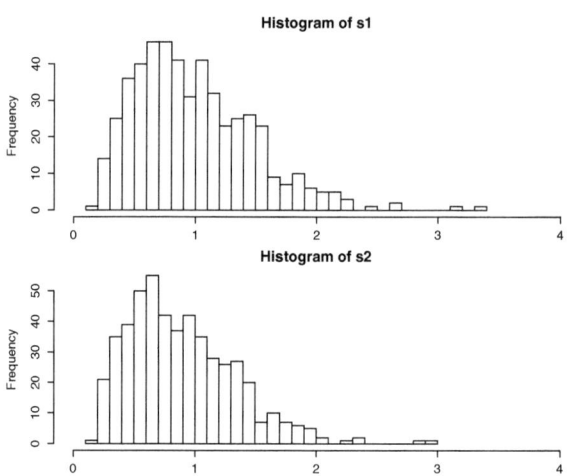

Abbildung 12.3. Empirische Verteilungen von Schätzungen der Varianz

Die beiden Histogramme zeigen, dass die Schätzungen auf der Basis von s2, also bei Normierung mit $1/n$ in der Tendenz kleiner ausfallen als bei s1. Dies wird auch durch die zugehörigen arithmetischen Mittel über alle 500 Schätzwerte bestätigt. Die Werte von $\hat{\sigma}^2$ sind bei der richtigen Varianz, nämlich dem

12.2 Schätzfunktionen 141

Wert 1, zentriert, während die der anderen Schätzwerte bei 0.9 zentriert sind.
∎

Wichtig ist neben der Bestimmung von Schätzwerten für die Anwendung auch die Angabe von Standardfehlern der Schätzungen. Erst damit kann die Zuverlässigkeit der Schätzung beurteilt werden. Hier kann man vielfach auf theoretische Resultate zurückgreifen, siehe etwa die Gleichung (12.1), in der der Standardfehler des arithmetischen Mittels angegeben ist. In vielen Fällen ist die Situation jedoch nicht so einfach. Dann besteht die Möglichkeit, Schätzwerte für Standardfehler durch Simulationen zu gewinnen.

Sei zunächst das Verteilungsmodell, aus dem die Stichprobe des Umfanges n gewonnen wurde, vollständig spezifiziert. Der interessierende Parameter sei θ. Dann kann eine große Zahl B von Stichproben des gleichen Umfanges n simuliert werden. Für jede Stichprobe wird der Schätzwert $\hat{\theta}$ berechnet. Somit verfügt man über B Schätzwerte. Die daraus ermittelte empirische Standardabweichung bildet selbst eine Schätzung des Standardfehlers.

Ist das Verteilungsmodell nicht bekannt, so gibt es einen Trick, sich wie Münchhausen an den Haaren selbst aus dem Sumpf zu ziehen. Die *Bootstrap-Methode* ersetzt die theoretische Verteilungsfunktion $F(x)$ durch die empirische $\hat{F}(x)$. Nach dem Satz von Glivenko-Cantelli sollte $\hat{F}(x)$ ja (für großes n) praktisch mit der theoretischen Verteilungsfunktion übereinstimmen. Viele der üblichen, aus der empirischen Verteilung berechnete Größen sind dann auch in etwa gleich den entsprechenden theoretischen Größen.

Aus den n Werten $x_1, \ldots, x_n$ werden also B einfache Zufallsstichproben mit Zurücklegen vom Umfang n gezogen; die Bestimmung von $\hat{\sigma}_{\hat{\theta}}$ erfolgt dann wie oben angegeben.

Beispiel 12.3 (Standardfehler mit dem Bootstrap-Verfahren)
Almer and Jones vom National Bureau of Standards der USA führten 100 Messungen an einem ihrer Standardgewichte durch, vgl. Freedman, Pisani, Purves und Adhikari (1991). Die Messwerte in Form von ‚Mikrogramm unterhalb von 10 Gramm' sind in dem Datensatz AlmerJones als Variable n10 gespeichert. Wie die Darstellung der Häufigkeitsdichte zeigt, gibt es einige extreme Werte, so genannte *Ausreißer*. Dabei wird auf die Darstellung mittels der Kerndichteschätzung zurückgegriffen, vgl. Seite 81. Das Ergebnis ist die Abbildung 12.4.

```
d<-density(n10)
plot(d,lwd=2)
```

Das Ergebnis dieses Aufrufes ist die Abbildung 12.4.
Bei Vorliegen von Ausreißern werden robuste Lageschätzungen bevorzugt. Diese werden nicht so stark von Ausreißern beeinflusst wie das arithmetische Mittel. Ein solcher robuster Lageschätzer ist das *getrimmte Mittel*, bei dem jeweils ein Anteil von $n\alpha$ der Beobachtungen am unteren und oberen Rand weggelassen werden:

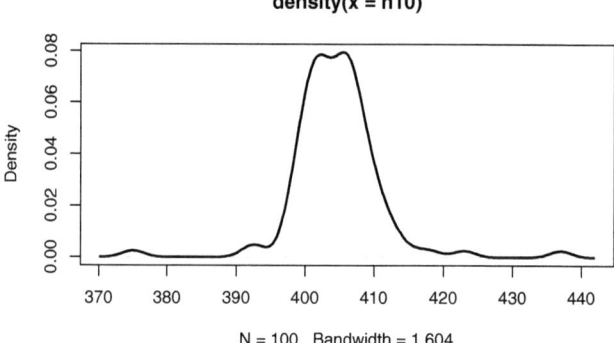

Abbildung 12.4. Häufigkeitsdichte der Gewichtsmessungen

$$\bar{x}_\alpha = \frac{1}{n(1 - 2 \cdot \alpha)} \sum_{v=[n\alpha]+1}^{[n(1-\alpha)]} x_{(v)}. \qquad (12.5)$$

Hier gibt es keine geschlossene Formel für den Standardfehler. Um für den Datensatz für die Lageschätzung $\bar{x}_{0.1}$ den zugehörigen Standardfehler zu ermitteln, wird das Bootstrap-Verfahren eingesetzt.

```
m<-mean(n10,trim=0.1)       # 10%-getrimmtes a. Mittel
                            # aus den Originaldaten
mb<-rep(0,500)              # Initialisierung für 500
                            # Bootstrap-Mittel
for (b in 1:500)            # Wiederholungen
{
  sb<-sample(n10,100,replace=T)  # Bootstrap-Stichprobe
                                 # aus den Originalwerten
  mb[b]<-mean(sb,trim=0.1)       # getrimmtes Mittel der
                                 # Bootstrap-Stichprobe
}
print(c(m,sd(mb)))          # Ausgabe Originalmittel
                            # und Standardabweichung
                            # der Bootstrap-Mittel
```

[1] 404.3375000   0.4531688

Das getrimmte Mittel unterscheidet sich nicht sehr vom arithmetischen Mittel aller Daten, 404.59; das resultiert daraus, das extreme Werte auf beiden Seiten vorkommen. Der zugehörige Standardfehler ist nach der Formel (12.1) bei der Verwendung der empirischen Standardabweichung 0.6467. Der Standardfehler des getrimmten Mittels ist mit 0.453 wesentlich kleiner. ∎

Es gibt verschiedene Methoden, Schätzfunktionen für Parameter von Verteilungen zu bestimmen. Bei der *Momenten-Methode* setzt man das arithmetische Mittel und die empirische Varianz gleich dem theoretischen Erwartungs-

12.2 Schätzfunktionen

wert bzw. der theoretischen Varianz. Begründet ist dieses Vorgehen durch die formale Analogie der empirischen und theoretischen Größen. Da die theoretischen von den unbekannten Parametern abhängen, ergibt das Auflösen nach diesen unbekannten Parametern dann die Schätzwerte. Bei der *Maximum Likelihood-Methode* sucht man die Stelle, die die *Likelihoodfunktion*

$$L(\theta) = f(x_1; \theta) \cdots f(x_n; \theta)$$

maximiert. Diese von $x_1, \ldots, x_n$ abhängige Maximalstelle ist dann der ML-Schätzwert. Die Idee dabei ist, dass die realisierte Stichprobe eine typische ist, so dass sie bei der zugrunde liegenden Verteilung eine große Wahrscheinlichkeit hat. Im Umkehrschluss sucht man eben die Verteilung, bei der diese Wahrscheinlichkeit am größten ist.

In vielen Fällen ist es möglich, die resultierende Schätzfunktion explizit anzugeben. So ist $\bar{X}$ der ML-Schätzer für μ bei der Normalverteilung, der Median $\tilde{X}$ der für μ bei der Laplace-Verteilung mit der Dichte $f(x) = \frac{\lambda}{2} \exp\left[-\lambda |x - \mu|\right]$.

Beispiel 12.4 (Likelihoodfunktion)
Für Telefongesprächsdauern stellt die Exponentialverteilung mit der Dichte

$$f(x) = \lambda e^{-\lambda x} \qquad \text{(für } x > 0\text{)}$$

oft ein gutes Modell dar. Vier gemessene Zeiten (in Minuten) eines Teilnehmers sind: 15, 3.5, 7.9, 11.2. Hier sollen folgende Standard-Fragestellungen untersucht werden:

1. Die Likelihoodfunktion ist grafisch darzustellen.
2. Die Loglikelihoodfunktion ist grafisch darzustellen.
3. Der ML-Schätzwert ist zu bestimmen.
   i) näherungsweise jeweils aus den Grafiken; ii) exakt.

Die Darstellung der Likelihoodfunktion erfordert lediglich die Bestimmung der Likelihoodfunktion

$$L(\lambda) = \lambda e^{-\lambda 15} \lambda e^{-\lambda 3.5} \lambda e^{-\lambda 7.9} \lambda e^{-\lambda 11.2} = \lambda^4 e^{-\lambda(15+3.5+7.9+11.2)}$$

an mehren Stellen für λ. Das Gleiche gilt für die Loglikelihoodfunktion. Zur Erstellung der Grafik kann die angegebene Formel fast 1:1 übernommen werden:

```
lambda<-seq(0,0.5,0.01)
L<-(lambda^4)*exp(-lambda*(15+3.5+7.9+11.2))
LL<-log((lambda^4)*exp(-lambda*(15+3.5+7.9+11.2)))
```

Im angehängten Grafik-Wizard wird dann durch Auswahl von Linienzügen mittels Teilen des Grafik-Fensters die Abbildung 12.5 erzeugt.
Das Maximum ist anhand der Grafiken ungefähr bei einem λ von 0.1 zu erkennen. Berechnet man den ML-Schätzwert exakt, so erhält man als ML-Schätzwert für λ 0.1064, was dem abgelesenen Wert sehr nahe kommt. ∎

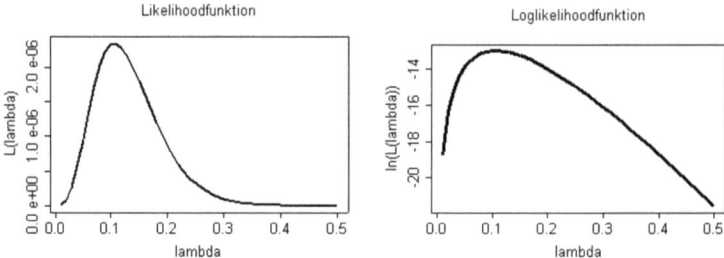

Abbildung 12.5. Likelihood- und Loglikelihoodfunktion für eine exponentialverteilte Stichprobe

Bisweilen ist eine explizite Angabe des ML-Schätzers nicht möglich. Dann muss der ML-Schätzwert für eine konkrete Stichprobe mittels einer Optimierung gefunden werden.

Beispiel 12.5 (Iterative Bestimmung einer ML-Schätzung)
Im Beispiel 11.3 wurden die Ausleihzahlen für die Bibliothek der Universität Pittsburgh die Häufigkeit X, mit der ein Buch in einem bestimmten Zeitraum (etwa ein Jahr) ausgeliehen wurde, angegeben. Die Betrachtungen legten eine negative Binomialverteilung nahe. Dabei ist zusätzlich zu berücksichtigen, dass dabei die Null nicht vorkommen kann, da nur die ausgeliehenen Bücher notiert wurden.
Um die ML-Schätzer für die beiden Parameter der negativen Binomialverteilung ohne die Realisationsmöglichkeit 0 zu bestimmen, wird zuerst eine Funktion `loglik` geschrieben, die den negativen Wert der Loglikelihoodfunktion für diese Daten bei einzugebenden Parameterwerten berechnet. Dann werden über die Schätzung der Parameter der negativen Binomialverteilung Startwerte p0 und k0 bestimmt, vergleiche Seite 127. Die Ermittlung des Maximums geschieht über die Funktion `nlm`. Diese ermittelt das *Minimum einer nichtlinearen Funktion*. Daher wird auch bei der Loglikelihoodfunktion das negative Vorzeichen eingebaut.

```
xi<-c(1:16)
ni<-c(63526,25653,11855,6055,3264,1727,931,497,275,124,68,
    28,13,6,9,4)
n <- sum(ni)
loglik<-function(pa)         # Def. der Loglikelihoodfunktion
  {prob<-dnbinom(xi,pa[1],pa[2])/(1-dnbinom(0,pa[1],pa[2]))
   d<- -sum(log(prob)*ni)
   d }
```

12.2 Schätzfunktionen

```
m<-sum(xi*ni)/n                # arithmetisches Mittel
s2<-sum(((xi-m)^2)*ni)/n       # Varianz
p0<-(m-1)/s2                   # erste Näherungswerte
k0<-(m-1)*p0/(1-p0)            # für die Parameter
pa0<-c(k0,p0)
ergebnis<-nlm(loglik,pa0)      # Optimierung der Log-
                               # likelihoodfunktion
print(ergebnis$estimate)       # Ausgabe Schätzwerte
```
```
[1] 0.3789332 0.4096135
```

Die Gegenüberstellung der beobachteten und der erwarteten Häufigkeiten dient der Überprüfung, ob das Modell zufriedenstellend ist.

```
k<- ergebnis$estimate[1]
p<- ergebnis$estimate[2]
pi<-dnbinom(xi,k,p)/(1-dnbinom(0,k,p))
                              # Wahrscheinlichkeiten für die xi
ei<-pi*n                      # erwartete Häufigkeiten
print(cbind(ni,ei))
```
```
           ni         ei
 [1,]   63526  63392.251794
 [2,]   25653  25803.929892
 [3,]   11855  12080.454960
 [4,]    6055   6024.754447
 [5,]    3264   3115.115208
 [6,]    1727   1648.752474
 [7,]     931    887.037380
 [8,]     497    483.038737
 [9,]     275    265.500061
[10,]     124    147.012586
[11,]      68     81.893795
[12,]      28     45.846664
[13,]      13     25.774133
[14,]       6     14.541659
[15,]       9      8.229734
[16,]       4      4.670125
```

Die Ausgabe zeigt, dass die modifizierte negative Binomialverteilung (ohne 0) offensichtlich ein gutes Modell ist. ∎

13
Tests und Konfidenzintervalle

13.1 Theoretischer Hintergrund

Tests

Angaben über Parameter θ von Verteilungen werden als *Hypothesen* bezeichnet und z.B. durch $H : \theta = \theta_0$ angegeben. Solche Hypothesen können mit statistischen Tests überprüft werden. Dazu bildet man als *Testfunktion* oder *Prüfgröße* eine Stichprobenfunktion $T(X_1, \ldots, X_n, \theta_0)$, die den Unterschied zwischen hypothetischem Parameterwert und entsprechendem Stichprobenergebnis quantifiziert. Ist der Unterschied zu groß, so wird die Angabe $H : \theta = \theta_0$ verworfen. ‚Ein zu großer Unterschied' bedeutet in der Regel, dass ein Wert $T(X_1, \ldots, X_n, \theta_0)$ im Randbereich der Verteilung der möglichen Werte dieser Stichprobenfunktion beobachtet wird. Dieser Randbereich wird als *Ablehnbereich* bezeichnet. Zum Ablehnbereich wird je nach interessierender Richtung der Abweichung der linke und rechte Rand ($G : \theta \neq \theta_0$), oder nur der linke ($G : \theta < \theta_0$) bzw. nur der rechte ($G : \theta > \theta_0$) gerechnet. Begrenzt wird der Rand jeweils in der Weise, dass im Fall der Gültigkeit der Angabe die Wahrscheinlichkeit für einen Wert im festgelegten Ablehnbereich höchstens gleich einer vorgegebenen kleinen Irrtumswahrscheinlichkeit α ist.
Bei der einfachen Situation einer normalverteilten Zufallsvariablen X, bei der die Varianz σ^2 als bekannt vorausgesetzt wird, ergibt sich für das Testproblem $H : \mu = \mu_0$ gegen $G : \mu \neq \mu_0$ die Prüfgröße $T = (\bar{X} - \mu_0)\big/\sqrt{\sigma^2/n}$. Der Ablehnbereich wird durch die beiden Ränder $T < -z_{1-\alpha/2}$ und $T > z_{1-\alpha/2}$ gebildet. Dabei sind die kritischen Werte $\pm z_{1-\alpha/2}$ gerade so gewählt, dass im Fall der Gültigkeit von $H : \mu = \mu_0$ die Wahrscheinlichkeit α beträgt, einen Wert der Prüfgröße aus dem Ablehnbereich zu beobachten. α wird klein gewählt, so dass eine fälschliche Entscheidung zugunsten von G, ein *Fehler 1. Art*, wenig wahrscheinlich ist. Der *Fehler 2. Art*, eine fälschliche Entscheidung zugunsten von H, ist vom Parameterwert unter G abhängig und kann recht groß sein. Dementsprechend bringt man der ‚Beibehaltung von H' wenig Vertrauen entgegen.

Tests hängen ab von der spezifischen Verteilung, da ja für jede Verteilung ein anderer Parameter von Interesse ist und eine andere Teststatistik mit zugehörigem Ablehnbereich erfordert. Allerdings kann man wie bei den Konfidenzintervallen die approximative Normalverteiltheit des arithmetischen Mittels $\bar{X}$ ausnutzen, um approximative Tests für den Erwartungswert μ durchzuführen. Bei genügend großem n ist dann die Prüfgröße $T = (\bar{X} - \mu_0)\big/\sqrt{\hat{\sigma}^2/n}$ unter $H : \mu = \mu_0$ approximativ normalverteilt.

Konfidenzintervalle

Ein *Konfidenzintervall* zum Niveau $1-\alpha$ für einen eindimensionale Parameter θ ist ein Paar (U, O) von Zufallsvariablen, so dass gilt:

$$P(U \leq \theta \leq O) \geq 1 - \alpha.$$

Sind U und O so geartet, dass $P(U \leq \theta) = P(\theta \geq O)$, so sprechen wir von einem symmetrischen Konfidenzintervall. Oft hat dann ein solches symmetrisches Konfidenzintervall die folgende Form:

$$[\hat{\theta} - g; \hat{\theta} + g].$$

Dies ist etwa bei den Konfidenzintervallen für den Erwartungswert auf der Basis der Normalverteilung gegeben. Bei als bekannt unterstellter Varianz σ^2 basieren sie darauf, dass die standardisierte Größe $Z = \sqrt{n}(\bar{X} - \mu)/\sigma$ standardnormalverteilt ist. Das Konfidenzintervall ergibt sich dann aus der Beziehung

$$P\left(-z_{1-\alpha/2} \leq \frac{\bar{X} - \mu}{\sigma/\sqrt{n}} \leq z_{1-\alpha/2}\right) = 1 - \alpha \qquad (13.1)$$

durch einfaches Umstellen zu:

$$\left[\bar{X} - z_{1-\alpha/2}\frac{\sigma}{\sqrt{n}}; \bar{X} + z_{1-\alpha/2}\frac{\sigma}{\sqrt{n}}\right]. \qquad (13.2)$$

Um die den Konfidenzintervallen zugrunde liegende Idee herauszuarbeiten, wurde eine Illustration mit dem Labor erstellt. Diese zeigt, wie sich wiederholt Konfidenzintervalle des Typs (13.2) auf die X-Achse ‚senken'. Damit wird verdeutlicht, dass der Parameter jeweils fest ist, während die Konfidenzintervalle zufällig sind. Von den zufällig erzeugten Intervallen überdeckt ein Anteil, der in etwa dem Konfidenzniveau $1-\alpha$ entspricht, den wahren Parameter, ein Anteil von etwa α überdeckt ihn nicht. Dies wird in der Illustration am Schluss angezeigt, vgl. die Abbildung 13.1.

Bei unbekannter Varianz wird zur Standardisierung des arithmetischen Mittels die Schätzung $\hat{\sigma}$ der Standardabweichung verwendet, wobei $\hat{\sigma}^2 = \sum_{v=1}^{n}(X_v - \bar{X})^2/(n-1)$ der erwartungstreue Schätzer der Varianz ist. Dann hat $\sqrt{n}(\bar{X} - \mu)/\hat{\sigma}$ eine t-Verteilung mit $n-1$ Freiheitsgraden. Somit resultiert aus der Umstellung der analog zu (13.1) gebildeten Gleichung das Konfidenzintervall

13.1 Theoretischer Hintergrund

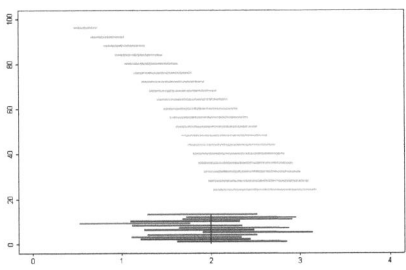 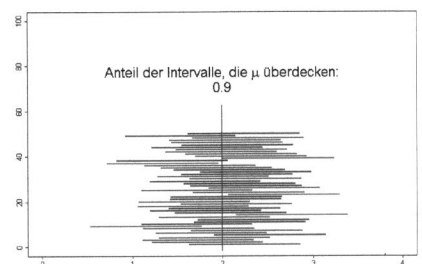

Abbildung 13.1. Labor-Illustration zu Konfidenzintervallen

$$\left[\bar{X} - t_{n-1;1-\alpha/2}\frac{\hat{\sigma}}{\sqrt{n}}; \bar{X} + t_{n-1;1-\alpha/2}\frac{\hat{\sigma}}{\sqrt{n}}\right]. \tag{13.3}$$

Bei großen Stichprobenumfängen darf zudem $t_{n-1;1-\alpha/2}$ durch $z_{1-\alpha/2}$ ersetzt werden.

Ohne Normalverteilungsannahme kann das Intervall (13.3) (mit z anstelle von t_{n-1}) als approximatives Konfidenzintervall verwendet werden, wenn der Stichprobenumfang ausreichend groß ist. Dieses ‚ausreichend groß' hängt von der tatsächlichen Verteilung ab. Wenn die Verteilung sehr schief ist, wird ein größerer Stichprobenumfang benötigt. Bei angenähert normalverteilten Beobachtungen reichen schon etwa 25 Beobachtungen aus (um eine Zahl zu nennen).

Das Konfidenzintervall (13.3) gilt auch für Wahrscheinlichkeiten, wenn die zugrunde liegende Serie von Versuchen einen Bernoulli-Prozess darstellt. Das heißt, die Versuche sind unabhängig und die Wahrscheinlichkeit des interessierenden Ereignisses ändert sich nicht. Denn mit $X_v = 1$ bei Erfolg im v-ten Versuch und $X_v = 0$ bei Misserfolg ist das arithmetische Mittel $\bar{X}$ gerade die relative Häufigkeit, die ML-Schätzung $\hat{p}$ der Wahrscheinlichkeit p. Da von einem größeren Stichprobenumfang ausgegangen wird, kann wie angegeben das Quantil der Standardnormalverteilung anstelle des Quantils der t-Verteilung verwendet werden. Das Konfidenzintervall lautet dann:

$$\left[\hat{p} - z_{1-\alpha/2}\sqrt{\frac{\hat{p}(1-\hat{p})}{n}}; \hat{p} + z_{1-\alpha/2}\sqrt{\frac{\hat{p}(1-\hat{p})}{n}}\right]. \tag{13.4}$$

Ein zweiseitiges $(1-\alpha)$-Konfidenzintervall für den Median einer Verteilung ist gegeben durch das Paar der geordneten Statistiken $[X_{(c)}; X_{(n+1-c)}]$. Dabei wird c so bestimmt, dass

$$1 - 2\sum_{i=0}^{c-1}\binom{n}{i}0.5^n \geq 1-\alpha. \tag{13.5}$$

Es kann bei einem Konfidenzintervall auch eine der beiden Zufallsvariablen durch eine Konstante ersetzt werden (einschließlich $\pm\infty$). Dann spricht man von einem einseitigen Konfidenzintervall. Solche sind etwa bei der Schätzung der Varianz von Interesse. Hier ist 0 eine untere Grenze. Bei Normalverteilung ergibt sich dann eine obere $(1-\alpha)$-Konfidenzschranke aus der Relation

$$P\left(\sigma^2 \leq \frac{\sum_{v=1}^n (X_v - \bar{X})^2}{\chi^2_{n-1;\alpha}}\right) = 1 - \alpha. \qquad (13.6)$$

Eine genauere Betrachtung der dargestellten Hintergründe von Tests und Konfidenzintervallen legt folgenden Zusammenhang zwischen diesen beiden Konzepten nahe:

Mit einem Konfidenzintervall zum Niveau $1-\alpha$ lässt sich auch ein entsprechender Test zum Niveau α durchführen: Überdeckt das Konfidenzintervall den unter der Nullhypothese festgelegten Parameterwert, so wird sie angenommen; andernfalls wird die Nullhypothese abgelehnt. Umgekehrt bildet die Menge der Parameterwerte, bei denen die entsprechende Nullhypothese zum Testniveau α nicht abgelehnt wird, ein $(1-\alpha)$-Konfidenzintervall für den Parameter.

13.2 Anwendungen

Bei dem am Ende des letzten Abschnittes skizzierten Zusammenhang ist es plausibel, dass die statistischen Tests des Paketes `stats`, das standardmäßig im Statistiklabor mit geladen ist, zugleich die Konfidenzintervalle ausgeben.

Beispiel 13.1 (Konfidenzintervall für eine Wahrscheinlichkeit)
Wenn ein Reißnagel herunterfällt, kann er so zu liegen kommen, dass die Spitze nach unten zeigt, oder so, dass sie nach oben weist. Die letztere Situation ist die unangenehmere, wie viele, die schon einmal auf einen heruntergefallenen Reißnagel getreten sind, erfahren haben. Über die Chance, dass die unangenehmere Situation eintritt, ist nichts bekannt; wegen der Unsymmetrie dieser Gebilde kann auch vorab nichts darüber gesagt werden.

So wurde eine Versuchsserie von 50 Versuchen mit einem Reißnagel durchgeführt, um ein 95%-Konfidenzintervall zu bestimmen. Die Serie ergab $x = 24$ Erfolge, d.h. Würfe, bei denen die Spitze nach oben zeigte. Das Konfidenzintervall erhält man dann mit:

```
x<-24; n<-50
bt<-binom.test(x,n,alternative="two.sided",conf.level=0.95)
print(bt)
```

Dies ergibt:

```
Exact binomial test
data:  x and n
number of successes=24, number of trials=50, p-value=0.8877
alternative hypothesis:
true probability of success is not equal to 0.5
```

13.2 Anwendungen

```
95 percent confidence interval:
 0.3366051 0.6258481
sample estimates:
probability of success
                  0.48
```

Der Teil zum *P*-Wert und zur Alternativhypothese ist hier nicht von Interesse. Er gehört zum Test; das Konfidenzintervall wird über die Ausnutzung des oben angegebenen Zusammenhanges von Tests und Konfidenzintervallen bestimmt. Das asymptotische Konfidenzintervall (13.4) setzt ja einen größeren Stichprobenumfang voraus.

Das Konfidenzintervall lautet [0.3366051;0.6258481]. Es ist auf Grund des geringen Stichprobenumfanges recht breit; eine Wahrscheinlichkeit von 0.5 erscheint nicht unplausibel. ∎

Beispiel 13.2 (Konfidenzintervall für den Median)
Luceno (1994) gibt in Form einer Häufigkeitstabelle die Verteilung der Höhe eines Massenteils aus Metall an, siehe Hand et al. (1994, S.158). Nach diesen Angaben wurde der Datensatz rekonstruiert. Es soll ein 99%-Konfidenzintervall für das Niveau bestimmt werden.

Zuerst wird ein Normalverteilungscheck mittels eines Normalverteilungs-QQ-Diagramms durchgeführt. Dafür wird an den Datensatz Hoehe mit der Variablen X ein R-Kalkulator angehängt. Die beiden Befehle ergeben dann die gewünschte Grafik.

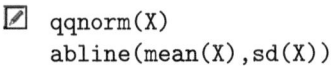
```
qqnorm(X)
abline(mean(X),sd(X))
```

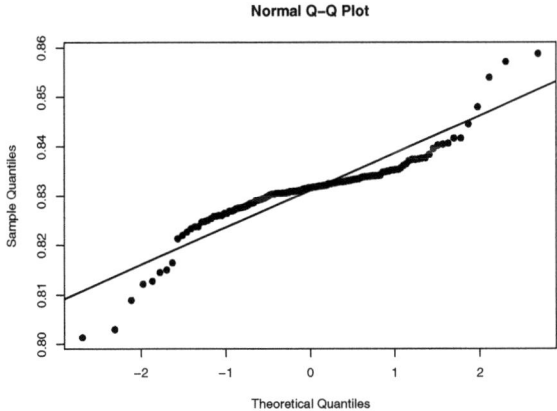

Abbildung 13.2. Normalverteilungs-QQ-Diagramm für die Höhe eines Massenteils

Da die Daten wesentlich extremere Werte aufweisen, als bei Normalverteilung zu erwarten wären, wird der Median als Lageparameter gewählt und ein nichtparametrisches Konfidenzintervall bestimmt.

Das Konfidenzintervall erhält man nun durch Anforderung des entsprechenden Tests. Da hier die Symmetrie erfüllt ist, kann der *Wilcoxon-Vorzeichen-Rangtest* angewendet werden. Um das zugehörige Konfidenzintervall angezeigt zu bekommen, muss die Option `conf.int=TRUE` angegeben werden. Mit `conf.level=0.99` wird das Niveau festgelegt. Auf eine Stetigkeitskorrektur der Teststatistik wird verzichtet.

```
wilcox.test(X,conf.int=TRUE,conf.level=0.99,correct=FALSE)
        Wilcoxon signed rank test

data:  X
V = 10585, p-value = < 2.2e-16
alternative hypothesis: true mu is not equal to 0
99 percent confidence interval:
 0.8304319 0.8324297
sample estimates:
(pseudo)median
     0.8314963
```

Das interessierende 99%-Konfidenzintervall lautet [0.8304319;0.8324297]. Es ist recht schmal; die Schätzung des Median, der empirische Median, beträgt 0.831631. Damit kann man davon ausgehen, dass die Schätzung recht zuverlässig ist.

Der Wilcoxon-Test basiert auf der Symmetrie der zugrunde liegenden Verteilung. Dann ist der Median der natürliche Lageparameter. Bei anderen Verteilungen F definiert man den Pseudomedian als den Median von $(U+V)/2$, wobei U und V Zufallsvariablen mit der gleichen Verteilungsfunktion F sind. Bei symmetrischen Verteilungen fallen Median und Pseudomedian zusammen. Hier stimmen beide weitgehend überein, was noch einmal die Symmetrie bestätigt. ∎

Beispiel 13.3 (Zweistichproben-t-Test)

Das Beispiel 6.2 bzgl. des Polizei-Programms zur Eindämmung der Kriminalität in der Gegend des Chikagoer Hyde Parks wird fortgesetzt. Der Datensatz enthält die Variable Einbr ‚Anzahl der Einbrüche pro Monat' und PPr mit PPr=0 für den Zeitraum vor und mit PPr=1 nach Durchführung des Programms. Um zu sehen, ob das Programm erfolgreich war, wird ein statistischer Test durchgeführt.

Um die Eignung eines auf der Normalverteilung basierenden Tests zu überprüfen, werden als erstes Normalverteilungsquantildiagramme gezeichnet.

13.2 Anwendungen

```
▶  vor<-Einbr[PPr==0]
   nach<-Einbr[PPr==1]
   par(mfrow=c(1,2))              # Teilen des Grafik-Fensters
   qqnorm(vor,main="Normal QQ-Plot, vor") # 1.QQ-Diagramm mit
                                          # Titel
   abline(mean(vor),sd(vor))      # 1.Ausgleichsgerade
   qqnorm(nach,main="Normal QQ-Plot, nach")# 2.QQ-Diagramm mit
                                           # Titel
   abline(mean(nach),sd(nach))    # 2.Ausgleichsgerade
```

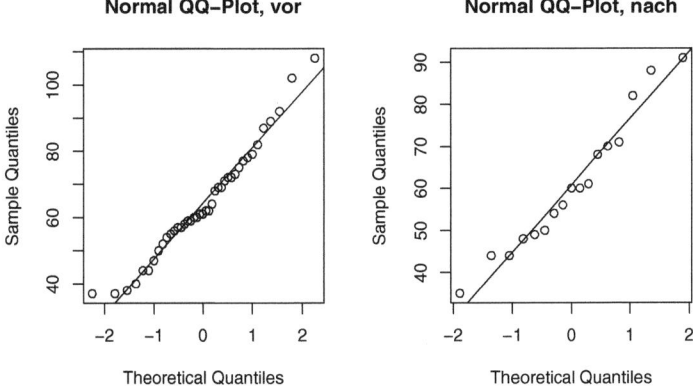

Abbildung 13.3. Normalverteilungscheck für einen Zweistichprobentest

Wie die Abbildung 13.3 zeigt, ist die Normalverteilungsannahme akzeptabel. Der zugehörige Test ist der Zweistichproben-t-Test. Zur Vorsicht wird er in der Variante von Welch durchgeführt; diese setzt nicht die Gleichheit der Varianzen der beiden Stichproben voraus.

```
▶  print(t.test(vor,nach,alternative="two.sided"))
◉  Welch Two Sample t-test
   data:  vor and nach
   t = 0.7856, df = 31.488, p-value = 0.438
   alternative hypothesis: true difference in means is not
   equal to 0
   95 percent confidence interval:
   -5.85160 13.19163
   sample estimates:
   mean of x mean of y
   64.31707   60.64706
```

Der P-Wert ist fast 0.5. Damit sind Unterschiede im Niveau als zufällig zu interpretieren. Das Konfidenzintervall für die Differenz $\mu_{vor} - \mu_{nach}$ schließt auch die Null ein. ∎

Beispiel 13.4 (Wilcoxon-Rangsummentest)
In einer Studie wurde eine chronische Reaktion der Bronchien untersucht. Ein Einflussfaktor war dabei die Staubbelastung am Arbeitsplatz. Diese mit ‚dust' bezeichnete Variable wurde in mg/m^3 gemessen. Die Variable ‚cbr' bezeichnet, ob eine Reaktion aufgetreten ist (cbr=1) oder nicht (cbr=0). Die Daten sind als zweidimensionaler Datensatz dat auf einem Arbeitsblatt vorhanden.
Es ist zum Niveau $\alpha = 0.05$ zu überprüfen, ob die Gruppe, bei denen eine Reaktion aufgetreten ist, einer höheren Staubbelastung ausgesetzt war.
Zuerst werden Box-Plots gezeichnet, um einen Eindruck von den Daten zu gewinnen. Der Code zur Erstellung der Box-Plots lautet:

```
ohne<-dust[cbr==0]
mit<-dust[cbr==1]
boxplot(mit,ohne,names=c("mit","ohne"),horizontal=T)
            # Die Option horizontal=TRUE bewirkt eine
            # liegende Darstellung der Box-Plots
```

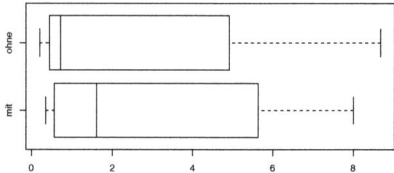

Abbildung 13.4. Box-Plots für die Gruppen ‚Reaktion auf Staubbelastung'

Die Box-Plots zeigen eine deutliche Asymmetrie; also entstammen die Daten sicherlich nicht einer Normalverteilung. Daher wird der Wilcoxon-Rangsummentest eingesetzt. Die Fragestellung ist einseitig. Folglich wird die Alternative "greater" spezifiziert, dass das Niveau der als erstes genannten Stichprobe (mit) höher ist als das der zweiten (ohne).

```
print(wilcox.test(mit,ohne,alternative="greater"))
```
```
Wilcoxon rank sum test with continuity correction
data:  mit and ohne
W = 1904.5, p-value = 0.02966
alternative hypothesis: true mu is greater than 0
```

Der P-Wert ist kleiner als das vorgegebene Niveau. Die Gruppe der Personen, die eine Reaktion zeigen, waren statistisch nachweislich höheren Belastungen ausgesetzt. ∎

Der statistische Vergleich des Niveaus von mehr als zwei Stichproben gehört in das Gebiet der *Varianzanalyse*. Üblicherweise wird die Normalverteilung vorausgesetzt, und zwar mit gleichen Varianzen in den verschiedenen Stichproben. Die Nullhypothese lautet dann formal $H_0 : \mu_1 = \mu_2 = \ldots = \mu_I$. Mit der *Varianzzerlegungsformel*

13.2 Anwendungen

$$\sum_{i=1}^{I}\sum_{v=1}^{n_i}(y_{iv}-\bar{y}_{..})^2 = \sum_{i=1}^{I}\sum_{v=1}^{n_i}(y_{iv}-\bar{y}_{i.})^2 + \sum_{i=1}^{I} n_i(\bar{y}_{i.}-\bar{y}_{..})^2 \qquad (13.7)$$

wird man auf die Prüfgröße des F-Tests geführt. Diese ist unter der Nullhypothese $\mathcal{F}$-verteilt:

$$F = \frac{\sum_{i=1}^{I} n_i(\bar{Y}_{i.}-\bar{Y}_{..})^2/(I-1)}{\sum_{i=1}^{I}\sum_{v=1}^{n_i}(Y_{iv}-\bar{Y}_{i.})^2/(N-I)} \sim \mathcal{F}_{I-1,N-I}. \qquad (13.8)$$

Dazu wurde $N = n_1 + n_2 + \cdots n_I$ gesetzt. Die Angabe der Größen, die für den Test relevant sind, wird in der sogenannten *Tafel der Varianzanalyse* zusammengefasst:

Quelle	df	SS	MS	F
Faktor A	$I-1$	$SS_A = \sum_{i=1}^{I} n_i(\bar{Y}_{i.}-\bar{Y}_{..})^2$	$MS_A = \dfrac{SS_A}{(I-1)}$	$\dfrac{MS_A}{MS_E}$
Fehler E	$N-I$	$SS_E = \sum_{i=1}^{I}\sum_{v=1}^{n_i}(Y_{iv}-\bar{Y}_{i.})^2$	$MS_E = \dfrac{SS_E}{N-I}$	
Gesamt G	$N-1$	$\sum_{i=1}^{I}\sum_{v=1}^{n_i}(Y_{iv}-\bar{Y}_{..})^2$		

Beispiel 13.5 (Varianzanalyse)
Der Manager einer Marktforschungs-Gesellschaft führte ein Experiment durch, um die Produktivität von drei Angestellten auf einem Computer-Daten-Erfassungssystem zu erforschen. Die Angestellten führten Telefoninterviews und gaben die erhaltenen Daten während des Telefonates ein. Die Produktivität wurde als die Zeit gemessen, die benötigt wurde, um einen Anruf, in dem der Befragte dem Interview zustimmte, zu erledigen.
Die Daten, die aus Kleinbaum, Muller und Nizam (1998) stammen, stehen in dem Datensatz Telefon zur Verfügung. Der Datensatz enthält die Variable Zeit und die Variable Ang, bei der für jeden Angestellten eine Nummer vergeben ist.
Bei solchen Fragen ist es sinnvoll, erst einmal Box-Plots zu zeichnen. Daran lässt sich erkennen, ob die Niveaus tatsächlich verschieden sind und ob die Gleichheit der Varianzen für die verschiedenen Stichproben plausibel erscheint.

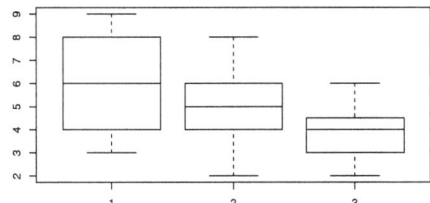

Abbildung 13.5. Zeiten für die Führung und Erfassung von telefonischen Interviews

Bei der hier vorliegenden Struktur des Datensatzes erhält man die gezeigte Darstellung drei Box-Plots am einfachsten mit folgendem Befehl:

```
boxplot(Zeit~Ang)
```

Die Varianzen steigen offensichtlich mit dem Niveau. Daher wird das Zeitniveau der logarithmisch transformierten Daten untersucht. Diese Transformation sollte die Streuung nivellieren. Für die mit dem Labor sehr einfach durchzuführende Analyse ist zu beachten, dass die Gruppierungsvariable als nominal skalierter *Faktor* zu berücksichtigen ist, die drei zugehörigen Werte sind nicht als metrisch zu werten! Daher ist hier Ang zuerst zum Faktor zu machen:

```
Ang    <- factor(Ang)
modell <- aov(log(Zeit) ~ Ang)
print(anova(modell))
```

```
Analysis of Variance Table
Response: log(Zeit)
           Df Sum Sq Mean Sq F value  Pr(>F)
factor(Ang) 2 1.4030  0.7015  5.8942 0.00514 **
Residuals  48 5.7129  0.1190
Signif. codes:  0 '***' 0.001 '**' 0.01 '*' 0.05 '.' 0.1
```

Auf der logarithmischen Skala unterscheiden sich die Angestellten signifikant. Dies wird auch durch die beiden Sterne ** angezeigt. Daher kann von einem Unterschied der drei ausgegangen werden. ∎

Die Gültigkeit eines Verteilungsmodells wird mit einem *Anpassungstest* überprüft. Bei diskreten Verteilungen wird man den χ^2-Test verwenden. Die Teststatistik ist

$$X^2 = \sum_{i=1}^{I} \frac{(n_i - n \cdot p_i)^2}{n \cdot p_i};$$

dabei sind die p_i die unter der Nullhypothese spezifizierten Wahrscheinlichkeiten der einzelnen Realisationsmöglichkeiten und die n_i die beobachteten Häufigkeiten. Bei Gültigkeit der Verteilung mit den Wahrscheinlichkeiten hat die Teststatistik asymptotisch eine χ^2_{I-1}-Verteilung.

Beispiel 13.6 (χ^2-Anpassungstest)
Eine merkwürdige Gesetzmäßigkeit hat der Amerikaner Benford festgestellt. Bei allen Ansammlungen von Zahlen kommt die 1 als führende Ziffer häufiger vor als die 2, diese häufiger als die 3 u.s.w. Auf diese Gesetzmäßigkeit kam er, als er eine gebrauchte Logarithmentafel in die Hand bekam und feststellte, dass die ersten Seiten dieses Zahlenwerkes abgegriffener waren als die letzten. Gleichwohl stellte er dies auch für andere Ansammlungen von Zahlen fest, wie Zahlen in Zeitungsartikeln und in Steuererklärungen. Mathematiker haben

13.2 Anwendungen

sich der Sache angenommen und haben folgende Verteilung für die Anteile der führenden Ziffern vorgeschlagen, vgl. Feller (1971):

$$P(N = n) = \log_{10}(n + 1) - \log_{10}(n) \quad (n = 1, \ldots, 9).$$

Aus einem Atlas, der Angaben über die Einwohnerzahlen von Städten enthält, wurden alle 305 Angaben einer zufällig ausgewählten Seite genommen. Es ergaben sich die folgenden Häufigkeiten, siehe Hand et al. (1994, S. 137):

führende Ziffer	1	2	3	4	5	6	7	8	9
Häufigkeit	107	55	39	22	13	18	13	23	15

Für diese Daten soll nun die Angemessenheit dieser Verteilung überprüft werden. Dies geschieht mit dem χ^2-Test.

```
prob<-log10(c(2:10))-log10(c(1:9))
n<-c(107, 55, 39, 22, 13, 18, 13, 23, 15)
print(chisq.test(n,p=prob,correct=FALSE))
```

Das erste Argument ist der Vektor der beobachteten Häufigkeiten. Das zweite ist der unter der Nullhypothese spezifizierte Vektor von Wahrscheinlichkeiten. Wegen anderer Möglichkeiten, die der chi^2-Test bietet, ist dies notwendig mit p= anzugeben.

```
        Chi-squared test for given probabilities
data:  n
X-squared = 14.7596, df = 8, p-value = 0.06399
Berechnung beendet ...
```

Der P-Wert ist etwas größer als 0.05. Bei einem statistischen Test reicht dies, um die Nullhypothese nicht abzulehnen. Jedoch erscheint im Rahmen eines eher explorativen Einsatzes die Verteilung nicht gerade als sehr gutes Modell. ∎

Ein χ^2-Test ist ebenfalls geeignet, um die Unabhängigkeit zweier nominal skalierter Variablen zu testen. Die Teststatistik ist

$$X^2 = \sum_{i=1}^{I} \sum_{j=1}^{J} \frac{\left(n_{ij} - \frac{n_i.n_{.j}}{n}\right)^2}{\frac{n_i.n_{.j}}{n}}.$$

Dabei sind I und J die Anzahlen der Zeilen und Spalten. Bei Unabhängigkeit hat die Teststatistik asymptotisch eine $\chi^2_{(I-1)(J-1)}$-Verteilung. Im Statistiklabor wird der Test per Option bei Kontingenztafel-Objekten berechnet.

Beispiel 13.7 (Überprüfen des Zusammenhangs zweier Merkmale)
In einer Studie untersuchte Paul (1968) den Zusammenhang von Kaffee-Genuss und koronarer Herzerkrankung. (Nach Hand et al. 1994, S. 405) Die Kontingenztafel mit dem χ^2-Wert ist in der Abbildung 13.6 angegeben. Dabei bedeuten:

COF = 1: ≥ 100 Tassen Kaffee pro Monat, = 0: < 100 Tassen Kaffee pro Monat.
CHD = 1: Herzerkrankung, = 0: keine Herzerkrankung.

Am unteren Rand des Kontingenztafel-Objektes sind die Berechnungen angegeben: Die Teststatistik des χ^2-Tests beträgt 0.368, der zugehörige P-Wert ist 0.544. Dementsprechend lassen die Daten keinen Zusammenhang erkennen.

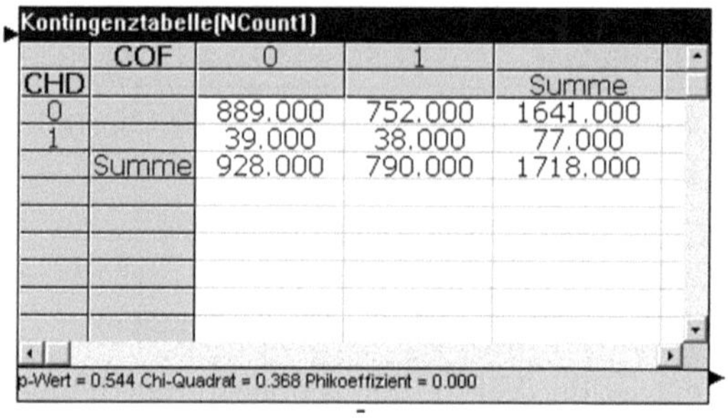

Kontingenztabelle(NCount1)				
CHD	COF	0	1	Summe
0		889.000	752.000	1641.000
1		39.000	38.000	77.000
	Summe	928.000	790.000	1718.000

p-Wert = 0.544 Chi-Quadrat = 0.368 Phikoeffizient = 0.000

Abbildung 13.6. Kontingenztafel Kaffee-Genuss und koronare Herzerkrankung

14
Regression

14.1 Die einfache lineare Regression

Bei der *einfachen linearen Regression* geht es um die Erfassung der Abhängigkeit einer Zielvariablen Y von einer einzelnen zu erklärenden Variablen, einem Regressor X. Im Rahmen der Beschreibung der Abhängigkeit bei einem vorliegenden Datensatz (x_v, y_v), $v = 1, \ldots, n$, lautet der Ansatz:

$$y_v = a + b \cdot x_v + u_v \qquad (v = 1, \ldots, n) \tag{14.1}$$

Die *Methode der kleinsten Quadrate*, bei der die Koeffizienten so bestimmt werden, dass $\sum_{v=1}^{n}(y_v - a - b \cdot x_v)^2$ minimal wird, führt zu den Werten

$$\hat{a} = \bar{y} - \hat{b}\bar{x}, \quad \hat{b} = \frac{s_{XY}}{s_X^2}. \tag{14.2}$$

Die sich damit ergebenden Differenzen $y_v - \hat{y}_v = y_v - (\hat{a} + \hat{b} \cdot x_v)$ werden als *Residuen* bezeichnet.

Wie gut die Regressionsgerade $\hat{y} = \hat{a} + \hat{b} \cdot x$ die Abhängigkeit beschreibt, wird dadurch gemessen, wie eng die Punkte (x_v, y_v) um die Gerade gruppiert sind. Die Maßzahl dafür ist das *Bestimmtheitsmaß*

$$R^2 = \frac{\sum(\hat{y}_v - \bar{y})^2}{\sum(y_v - \bar{y})^2} = 1 - \frac{\sum(y_v - \hat{y}_v)^2}{\sum(y_v - \bar{y})^2}. \tag{14.3}$$

R^2 gibt den Anteil der erklärten quadratischen Abweichungen an der Summe der gesamten Abweichungsquadrate an.

Für die Bestimmung der Regressionskoeffizienten im Labor gibt es verschiedene Möglichkeiten. Es ist informativ, sie zuerst mit einigen Basisoperationen durchzuführen.

Beispiel 14.1 (Regression mittels elementaren Berechnungen)
Bisweilen werden Erdnüsse von Schimmelpilzen befallen, die das Gift Aflatoxin produzieren. Wenn Erdnusspartien von diesem Gift betroffen sind, darf

die Ware für den menschlichen Verzehr nicht freigegeben werden. Um die Qualitätsstandards zu erfüllen, müssen die Großhändler bei den von ihnen umgeschlagenen Erdnüssen sicherstellen, dass keine kontaminierten Erdnüsse in den Verkauf gelangen.

Dies motivierte eine Untersuchung, in der in 34 kleineren Losen jeweils der Anteil Y (in Prozent) der durch Aflatoxin nicht kontaminierten Erdnüsse sowie der durchschnittliche Aflatoxin-Level X (in ppb) der Verunreinigung festgestellt wurde. Ziel war es, zu untersuchen, wie zuverlässig sich der nicht kontaminierte Anteil Y mittels der Variablen X angeben lässt. Die in dem Datensatz aflatoxin gespeicherten Daten stammen aus Draper and Smith (1981, S.63).

Die folgenden Befehle setzen die angegebenen Formeln für die Koeffizienten des Regressionsansatzes $y_v = a + b \cdot x_v + u_v$ direkt um.

```
b <- Kovarianz(X,Y)/Varianz(X)
a <- Mittel(Y)-b*Mittel(X)
print(a)
print(b)
```

```
[1] 100.0021
[1] -0.002903510
```

Der Achsenabschnitt a ist nicht zu stark zu bewerten, da die X-Werte nicht bis null heranreichen. Die Steigung b ist negativ. Pro Zunahme des Kontaminationslevels um eine Einheit nimmt der Anteil Erdnüsse der nicht kontaminierten um 0.0029 Prozent ab. Es bilden sich also keine Nester; die Kontamination verbreitet sich mit Erhöhung des Levels.

Die Darstellung des Streudiagramms 14.1 mit der Regressionsgeraden im Grafik-Wizard-Objekt geschieht auf die übliche Weise: Andocken des Grafik-Wizard an den R-Kalkulator, Auswahl von Streudiagramm und ‚Regressionsgerade anzeigen' aktivieren.

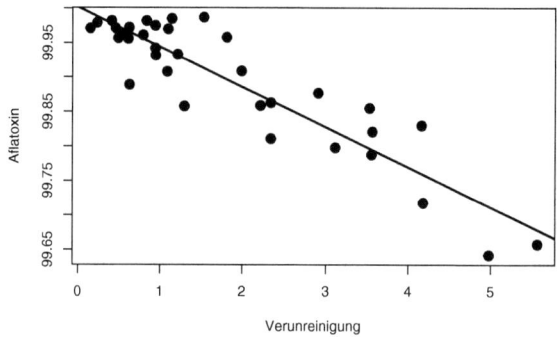

Abbildung 14.1. Verunreinigung und Aflatoxin bei Erdnüssen

14.1 Die einfache lineare Regression

Zur Beurteilung der Regression wird nun das Bestimmtheitsmaß R^2 berechnet.

```
res <- Y-(a+b*X)
su <- Varianz(res)
r2 <- 1-Varianz(res)/Varianz(Y)
print(r)
```
[1] 0.8285272

Das Bestimmtheitsmaß macht deutlich, dass die Variable Y recht zuverlässig durch X erklärt wird. ∎

Neben diesem einfachen Zugang lässt sich eine Regression leicht mit der Funktion `Regress` der Anwenderbibliothek Regression berechnen. Ist die Bibliothek geladen, so ist der Aufruf einfach:

```
ab<-Regress(Y,X)
plot(x,y,type="p")
abline(ab)
```

Auch hier dienen die letzten beiden Befehle zur Darstellung des Streudiagramms mit der Regressionsgeraden im angedockten R-Grafik-Objekt. Wie man sieht, kann bei `abline` auch ein Vektor mit den entsprechenden Koeffizienten anstelle der einzelnen Werte eingegeben werden.

Über die Beschreibung eines Datensatzes hinausgehend formuliert man ein *lineares Regressionsmodell*

$$Y_v = a + b \cdot x_v + U_v \qquad (v = 1, \ldots, n), \tag{14.4}$$

bei dem die U_v unabhängige zufällige Fehler mit verschwindendem Erwartungswert $\mathrm{E}(U_v) = 0$ und konstanter Varianz σ_U^2 sind. Mit den Fehlern sind auch die Y_v Zufallsvariablen. Im Rahmen dieses Modells stellt sich die Bestimmung der Koeffizienten a, b als Schätzproblem dar. $\hat{a}, \hat{b}$ sind nunmehr Schätzfunktionen, die numerisch wie in (14.2) angegeben, ermittelt werden.

In der Regel wird für die Fehler eine Normalverteilung unterstellt. Dann lässt sich das Regressionsmodell entsprechend der Abbildung 14.2 veranschaulichen.

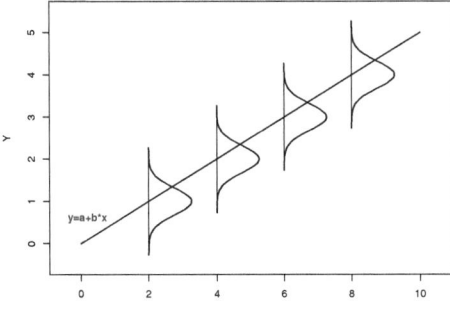

Abbildung 14.2. Das lineare Regressionsmodell mit normalverteilten Fehlern

$\hat{a}, \hat{b}$ sind bei unterstellter Normalverteilung für die U_v selbst normalverteilt mit $E(\hat{a}) = a$, $E(\hat{b}) = b$ und

$$\text{Var}(\hat{a}) = \frac{\sum x_v^2}{n \sum (x_v - \bar{x})^2} \sigma_U^2, \quad \text{Var}(\hat{b}) = \frac{1}{\sum (x_v - \bar{x})^2} \sigma_U^2. \qquad (14.5)$$

Zudem erhält man mit $\hat{U}_v = Y_v - \hat{Y}_v = Y_v - \hat{a} - \hat{b} x_v$ als erwartungstreue Schätzfunktion für σ_U^2:

$$\hat{\sigma}^2 = \frac{1}{n-2} \sum_{v=1}^{n} \hat{U}_v^2. \qquad (14.6)$$

$\hat{\sigma}^2$ wird u.a. verwendet, um die Varianzen von $\hat{a}$ und $\hat{b}$ zu schätzen. Die standardisierten Größen

$$\frac{\hat{a} - a}{\sqrt{\widehat{\text{Var}(\hat{a})}}}, \quad \frac{\hat{b} - b}{\sqrt{\widehat{\text{Var}(\hat{b})}}} \qquad (14.7)$$

sind dann t-verteilt mit n-2 Freiheitsgraden. Auf dieser Aussage basieren Konfidenz- und Prognoseintervalle sowie Tests für die Koeffizienten. Weiterhin motiviert die Erwartungstreue von $\hat{\sigma}^2$ die Betrachtung des *adjustierten Bestimmtheitsmaßes*

$$R_{adj}^2 = 1 - \frac{\hat{\sigma}^2}{\frac{1}{n-1} \sum_{v=1}^{n} (y_v - \bar{y})^2}. \qquad (14.8)$$

Beispiel 14.2 (Prognosen mittels Regression)
Mit Prognosen von Regressionsmodellen sollte man vorsichtig sein. Werden Prognosen für X-Werte bestimmt, die außerhalb des Bereiches liegen, der zur Anpassung der Regressionsbeziehung verwendet wurde, so braucht diese Extrapolation kein sinnvolles Ergebnis zu ergeben. Es ist nicht gesagt, dass die Regressionsbeziehung dann noch gilt.
Ohne derartige Probleme ist die als Interpolation bezeichnete Prognose für Zwischenwerte. Man erhält sie als entsprechende Punkte auf der Regressionsgeraden. Hierfür kann die Funktion `Progreg` der Bibliothek Regression verwendet werden. In der Situation des Beispiels 14.1 führt der Aufruf

```
print(Progreg(Y,X,c(50,75)))
```

zu der Ausgabe

```
         [,1]
[1,] 99.85693
[2,] 99.78434
```

Bei einem durchschnittlichen Aflatoxin-Level von 50 ppb kann man mit einem Anteil von 99.85693% nicht kontaminierter Erdnüsse zu rechnen, bei 75 ppb mit 99.78434%. ∎

Bei der Funktion `Regress` der Anwenderbibliothek Regression lässt sich ein weiterer Parameter angeben. Mit `Regress(y,x,stdfehler=TRUE)` werden

14.1 Die einfache lineare Regression

auch die Standardfehler der Regressionskoeffizienten bestimmt. Die Ausgabe ist dann eine Matrix mit zwei Spalten; in der ersten stehen die Koeffizienten, in der zweiten die Standardfehler.

Beispiel 14.3 (Regressionskoeffizienten mit Standardfehlern)
Das Beispiel 14.1 wird fortgesetzt. Folgendermaßen erhält man zusätzlich zu den Koeffizienten die Standardfehler:

```
print(Regress(Y,X,stdfehler=TRUE))
```

```
                  beta      stderror
(Intercept) 100.00210055 0.010887652
x            -0.05807021 0.004670061
```
■

Beispiel 14.4 (Regressionsgerade mit Prognoseintervallen)
Soll ein Streudiagramm mit der Regressionsgeraden sowie mit *punktweisen Konfidenzintervallen* für die Gerade oder mit *Prognoseintervallen* dargestellt werden, so kann die Funktion Plotreg aus der Bibliothek Regression verwendet werden. (Die Bibliothek Regression muss dazu natürlich geladen sein.) In der Situation des Beispiels 14.1 führt der Aufruf

```
X0<-c(0.25,0.5,0.75,1,2,3,4)
Plotreg(Y,X,X0,gamma=.90,typ="prognose")
```

zu der gewünschten Darstellung 14.3 im angedockten R-Grafik-Objekt.

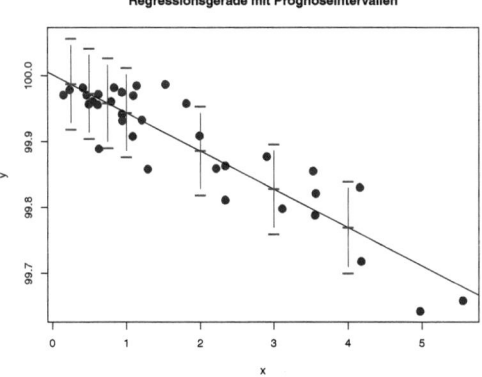

Abbildung 14.3. Ausgabe der Funktion Plotreg

Werden die Parameter gamma und typ nicht gesetzt, so werden keine Intervalle dargestellt. Die Wahl typ="konfidenz" führt zur gleichartigen Darstellung der Konfidenzintervalle an den in X0 angegebenen Stellen. ■

R selbst bietet mit lm eine sehr mächtige Funktion zur Bestimmung der Regression. Die Funktion ist allerdings für den Einstieg eher schwierig. Daher wird sie nun erst an dritter Stelle eingesetzt.

Beispiel 14.5 (Regression mit lm)
Die beiden Buchstaben der Funktion lm stehen für *Lineares Modell*. Tatsächlich ist die Regression nur ein Bereich der linearen Modelle. Für die weitere Diskussion wird wieder von einem Datensatz ausgegangen, in dem unter X,Y die Aflatoxin-Daten enthalten sind, vgl. das Beispiel 14.1.
Für die Durchführung der Regression mit lm ruft man auf:

```
print(lm(Y~X))
```

Die Ausgabe hat die Gestalt

```
Call:
lm(formula = Y ~ X)
Coefficients:
(Intercept)            X
  100.00210     -0.05807
```

Das Ergebnis der Regression kann insgesamt abgespeichert werden. Mit summary erhält man dann eine ausführlichere Ausgabe:

```
modell<-lm(Y~X)
print(summary(modell))
```

```
Call:
lm(formula = Y ~ X)
Residuals:
      Min        1Q    Median        3Q       Max
-0.076516 -0.020012 -0.004806  0.027094  0.073747
 Coefficients:
              Estimate Std. Error t value Pr(>|t|)
(Intercept) 100.00210    0.01089 9184.91  < 2e-16 ***
X            -0.05807    0.00467  -12.44 8.54e-14 ***
---
Signif. codes:  0 '***' 0.001 '**' 0.01 '*' 0.05 '.' 0.1

Residual standard error: 0.03933 on 32 degrees of freedom
Multiple R-Squared: 0.8285,     Adjusted R-squared: 0.8232
F-statistic: 154.6 on 1 and 32 DF,   p-value: 8.538e-14
```

Für die Residuen erhält man eine 5-Zahlen-Zusammenfassung als Übersicht. Hier zeigt sich insbesondere, dass sie recht symmetrisch um null verteilt sind. Der Steigungskoeffizient ist deutlich von null verschieden, wie der Wert -12.44 der zugehörigen Teststatistik und der entsprechende P-Wert zeigen. ∎

Die in der Ausgabe des Beispiels angegebene F-Statistik ist die Prüfgröße des F-Tests auf die Relevanz des Regressionsmodells insgesamt. Dieser Test ist bei der einfachen linearen Regression äquivalent zum Test auf den Steigungskoeffizienten. Im Beispiel ist das an der Gleichheit der P-Werte zu erkennen. Wie an diesem Beispiel weiter zu sehen ist, wird bei lm ein absolutes Glied automatisch berücksichtigt. Dies drückt sich auch dadurch aus, dass in der Ausgabe der Wert für den Intercept (=Achsenabschnitt) erscheint, ohne dass

14.2 Linearisieren eines Zusammenhanges

bei dem Befehlsaufruf eine Konstante berücksichtigt worden ist. Möchte man eine Konstante vermeiden und stattdessen eine Regression durch den Nullpunkt bestimmen, so fügt man im Aufruf -1 hinzu:

    lm(Y~X-1)

Will man die Koeffizienten etwa zur Weiterverarbeitung herausziehen, so extrahiert man sie aus dem unter out gespeicherten Ergebnis mittels

    coeff<-coefficients(out)

14.2 Linearisieren eines Zusammenhanges

Bei der einfachen linearen Regression kann anhand des Streudiagrammes noch leicht die Eignung des linearen Regressionsansatzes erkannt werden. Ein nichtlinearer Zusammenhang kann unter Umständen mit einer Transformation in einen linearen überführt werden. Kandidaten sind die *Potenztransformationen*:

$$z = \begin{cases} x^\lambda & \text{für } \lambda \neq 0 \\ \ln(x) & \text{für } \lambda = 0. \end{cases} \qquad (14.9)$$

Dabei gilt die durch die Abbildung 14.4 angedeutete Regel: Hat das Streudiagramm eine der beiden auf der linken Seite gezeichnete Form, so wird man die erklärende Variable entsprechend $\sqrt{X}, \ln(X), 1/X\ldots$ transformieren. Bei den rechts angedeuteten Formen ist dagegen eine Transformation gemäß $X^2, X^3, \ldots$ angezeigt.

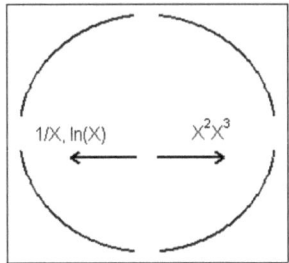

Abbildung 14.4. Auswahldiagramm für eine Potenztransformation zur Linearisierung

Beispiel 14.6 (Linearisierung eines Zusammenhanges)
Wenn man ein Blatt Papier zerknüllt und fest zusammendrückt, so dass es ein Papierball wird, so enthält dieser Papierball dennoch mehr als 75% Luft. Die Physiker Matan, Williams, Witten und Nagel (2002), fragen sich nun, was

dem zerknüllten Papier diese erstaunliche Kraft gibt und wie der endgültige Umfang des Papierballs von den Kräften abhängt, die auf ihn einwirken.

Um die zweite Frage zu beantworten, führten sie ein Experiment durch. Sie nahmen ein dünnes, rundes, aluminiumbeschichtetes Blatt vom Durchmesser von 34 cm und legten es nach dem Zerknüllen in eine Plastikröhre. Der Papierball wurde mit einer Masse beschwert und in geeigneten Zeitabständen wurde die Höhe des Papierballs gemessen.

Die (aus der Veröffentlichung rekonstruierten) Messwerte, d.h. die Messzeitpunkte (in Sekunden) und die jeweils gemessenen Höhen (in cm), sind in dem Datensatz `Papierknaeuel` mit den Variablen `zeit` und `hoehe` gespeichert. Darstellen im Streudiagramm geschieht mittels des am Datensatz angedockten Grafik-Wizards, siehe die Abbildung 14.5.

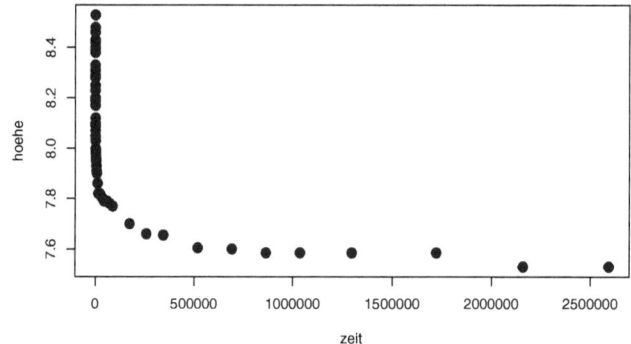

Abbildung 14.5. Höhe eines Papierknäuels in Abhängigkeit von der Zeit

Wie das Streudiagramm 14.5 lehrt, ist der Zusammenhang offensichtlich nichtlinear. Hier bringt die logarithmische Transformation den gewünschten linearen Zusammenhang.

```
logzeit<-log(zeit)
beta<-Regress(hoehe,logzeit)
print(beta)
plot(logzeit,hoehe,type="p",cex=1.5,pch=16,col="blue")
abline(beta[1,1],beta[2,1],col="red",lwd=2)
```

Die Grafik 14.6 ist dann im angehängten Grafik-Objekt zu betrachten. Für die Koeffizienten erhält man:

```
                  beta
(Intercept)  8.41469516
x           -0.05908813
```

Das geschätzte Regressionsmodell lautet also:

$$H\ddot{o}he = 8.415 - 0.059 \cdot \ln(Zeit) + U.$$

14.3 Das multiple lineare Regressionsmodell

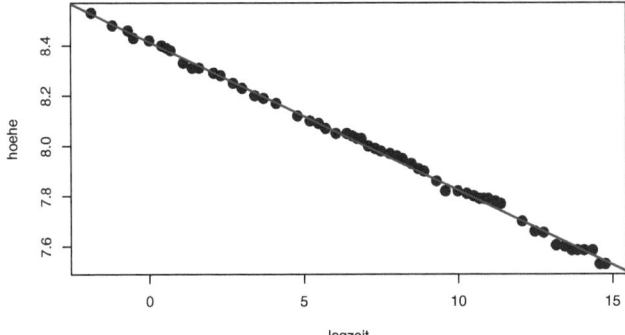

Abbildung 14.6. Höhe eines Papierknäuels in Abhängigkeit von der logarithmierten Zeit ■

14.3 Das multiple lineare Regressionsmodell

Bisher wurde nur das lineare Regressionsmodell mit einer erklärenden Variablen untersucht. Häufig sollen zur Erklärung der Y-Werte mehrere Regressoren ausgenutzt werden. Dazu ist das einfache lineare Regressionsmodell zu erweitern.

Das multiple lineare Regressionsmodell mit p Regressoren lautet:

$$Y_v = \beta_0 + \beta_1 \cdot x_{1v} + \beta_2 \cdot x_{2v} + \ldots + \beta_p \cdot x_{pv} + U_v; \quad v = 1, \ldots, n$$

mit

$$\mathrm{E}(U_v) = 0,$$
$$\mathrm{Var}(U_v) = \sigma^2,$$

U_v und U_w sind unabhängig für alle $v \neq w$.

Es ist üblich und wesentlich übersichtlicher, das Regressionsmodell matriziell zu formulieren:

$$\mathbf{y} = \mathbf{X}\boldsymbol{\beta} + \boldsymbol{\varepsilon} \qquad (14.10\mathrm{a})$$

$$\mathrm{Var}(\mathbf{u}) = \sigma^2 \mathbf{I} \qquad (14.10\mathrm{b})$$

Die Anzahl der erklärenden Variablen sei im folgenden p. Da i.d.R. die erste Spalte der Design-Matrix $\mathbf{X}$ aus Einsen besteht, um den Achsenabschnitt mit einzubeziehen, hat $\mathbf{X}$ im folgenden $p+1$ Spalten.

Die *Kleinste Quadrate-Methode* mit dem Zielkriterium

$$\sum_{v=1}^{n} (y_v - (\beta_0 + \beta_1 \cdot x_{1v} + \beta_2 \cdot x_{2v} + \cdots + \beta_p \cdot x_{pv}))^2 \stackrel{!}{=} \min$$

führt zu den Schätzern:
$$\hat{\boldsymbol{\beta}} = (\mathbf{X}'\mathbf{X})^{-1}\mathbf{X}'\mathbf{y}. \qquad (14.11)$$

Die Varianzschätzung ist $\hat{\sigma}^2 = \dfrac{1}{n-p-1} \sum_{v=1}^{n} (y_v - \mathbf{x}_v\hat{\boldsymbol{\beta}})^2$.

Die Koeffizientenschätzer $\hat{\beta}_i$ sind asymptotisch normalverteilt mit den Erwartungswerten β_i und der gemeinsamen Kovarianzmatrix $\sigma^2(\mathbf{X}'\mathbf{X})^{-1}$. Damit sind approximative t-Tests zur Überprüfung der Relevanz einzelner Koeffizienten einsetzbar.

Mit der Funktion `Regress` der Anwenderbibliothek Regression lässt sich leicht eine Regression mit mehr als einer erklärenden Variablen berechnen. Im Aufruf `Regress(y,x)` kann x eine Matrix sein oder mehrere Variablen umfassen. Ausgegeben werden die nach der Methode der kleinsten Quadrate bestimmten Regressionskoeffizienten der Beziehung $Y = \beta_0 + \beta_1 X_1 + \cdots + \beta_p X_p + U$ und auch deren Standardfehler, falls das optionale Argument `stdfehler=TRUE` angegeben ist.

Beispiel 14.7 (Multiple Regression mit `Regress`)
Ein Marketing-Projekt hat eine Liste wohlhabender Kunden für einen neuen persönlichen Digitalen Assistenten (PDA) identifiziert. Sollte man sich bei der Vermarktung dieses neuen Produktes auf die jüngeren oder älteren Mitglieder dieser Liste konzentrieren? Um diese Frage zu beantworten, führte die Firma eine Studie durch. Es wurde eine Stichprobe von 75 Verbrauchern gezogen, jedem der Verbraucher wurde das neue Gerät individuell gezeigt. Dann sollte jeder die ‚Kaufbereitschaft' auf einer Skala von 1 bis 10 angeben; höhere Werte bedeuteten eine höhere Kaufbereitschaft. Die beiden Prädiktoren der Rating-Variablen sind das Alter (in Jahren) und das Einkommen (in Tausend Dollar).

Die (selbst erzeugten) Daten sind in einem Datensatz gespeichert; die Variablen tragen die Bezeichnungen Rating, Alter und Eink. Dann sind der Befehl und die zugehörige Ausgabe:

```
x<-cbind(Alter,Eink)
beta<-Regress(Rating,x,stdfehler=TRUE)
print(beta)
```

```
                  beta     stderror
(Intercept)  0.11304367  0.448454030
xAlter      -0.06975806  0.015621157
xEink        0.11488685  0.007838105
```

Um die Relevanz der Regressionskoeffizienten zu beurteilen, werden die zugehörigen t-Statistiken berechnet:

```
print(beta[,1]/beta[,2])
```

```
(Intercept)       xAlter        xEink
  0.2520741   -4.4656143   14.6574784
```

14.3 Das multiple lineare Regressionsmodell

Bei den 75 zugrunde liegenden Beobachtungen kann schon von einer Normalverteilung für die Schätzer ausgegangen werden. Dann sind ± 1.96 die kritischen Werte des zugehörigen Tests zum Niveau 0.05. Folglich sind Alter und Einkommen relevant, der Achsenabschnitt könnte weggelassen werden. ∎

Beispiel 14.8 (Multiple Regression mit lm)
Die ‚Open University Research Group' führte über 10 Wochen ein Experiment durch, bei dem der Bedarf an elektrischer Energie zur Heizung von Häusern untersucht wurde. Zusätzlich zur elektrischen Energie verwenden die betrachteten Häuser aber auch Solarenergie zum Heizen. Diese Solarenergie wird über am Haus angebrachte Solarzellen gewonnen. Der Bedarf an elektrischer Energie sollte in Abhängigkeit von der zusätzlich gewonnenen Solarenergie untersucht werden. Zu diesem Zweck wurde in England ein Test-Haus ausgewählt und mit einer Solaranlage ausgestattet. Die Innentemperatur des Hauses wurde auf konstant 21 °C gehalten, siehe Caver (1998).
Die bei dem Experiment gemessenen Variablen sind: $Y =$ ‚Elektrische Energie für die Heizung, (kWh), $S =$ ‚Elektrische Solarenergie, die über am Haus angebrachte Solarzellen zusätzlich gewonnen wurde' (kWh pro qm pro Tag) und $T =$ ‚Differenz zwischen Innen- und Außentemperatur' (in °C).
Die zehn Beobachtungsvektoren (y_v, s_v, t_v) liegen als Datensatz vor; an diesem ist ein R-Kalkulator angedockt. Die Eingabe

```
modell<-lm(Y~S+T)
print(summary(modell))
```

führt dann zu dem Ergebnis:

```
Call:
lm(formula = Y ~ S + T)
Residuals:
     Min      1Q   Median      3Q     Max
-4.09888 -2.19022 -0.08168 1.75139 6.03761

Coefficients:
            Estimate Std. Error t value Pr(>|t|)
(Intercept)  -5.9736    11.0956  -0.538    0.607
S           -16.2606     2.0467  -7.945 9.53e-05 ***
T             6.7393     0.7471   9.021 4.20e-05 ***
---
Signif. codes:  0 '***' 0.001 '**' 0.01 '*' 0.05 '.' 0.1
Residual standard error: 3.562 on 7 degrees of freedom
Multiple R-Squared: 0.9435,Adjusted R-squared: 0.9274
F-statistic: 58.46 on 2 and 7 DF,  p-value: 4.283e-005
```

Die kleinen P-Werte der Regressoren zeigen, dass sie zur Erklärung der Variablen Y bedeutsam sind. Das negative Vorzeichen des Koeffizienten der Variablen S zeigt weiter, dass mit größeren Werten von S weniger (sonstiger) Strom gebraucht wurde. Bei gleichbleibender Außentemperatur (was auch eine gleichbleibende Temperaturdifferenz bewirkt) sinkt der Energiebedarf um 16.2606 kWh mit jeder kWh pro qm pro Tag. Dass der Koeffizient der Temperaturdifferenz positiv ist, zeigt natürlich, dass bei niedrigerer Temperatur (= größere Differenz) mehr Energie benötigt wird. Der Achsenabschnitt sollte nicht interpretiert werden, da der Untersuchungsbereich den Punkt (0,0) nicht einschließt. ∎

14.4 Diagnose des Regressionsmodells

Bei mehreren Regressoren sollte man sich zur Abklärung der Linearität vorab paarweise Streudiagramme ansehen. Weisen einzelne der paarweisen Streudiagramme auf eine nicht-lineare Beziehung zwischen Regressor und zu erklärender Variable hin, so lässt sich der Regressor u. U. so transformieren, dass für die transformierte Variable die Linearitätsannahme gilt. Dies geschieht wie im Fall der einfachen linearen Regression.
Um die anderen Voraussetzungen des Modells, konstante Varianz der Fehler, ihre Normalverteilung und gegebenenfalls Unkorreliertheit, zu beurteilen, werden vor allem die Residuen betrachtet. Bei der multiplen Regression werden die Residuen $\hat{u}_v$ in Abhängigkeit von den angepassten Werten $\hat{y}_v$ dargestellt. Solche *Residuendiagramme* erlauben oft auch, etwaige Ausreißer in den Daten zu erkennen.

Beispiel 14.9 (Check eines Regressionsmodells)
Im Rahmen einer Untersuchung aus Anlass der Diskussion zum Mindestlohn wurden nicht nur die Variablen ‚durchschnittliche geleistete jährliche Arbeitsstunden' als Ausdruck des Arbeitsangebotes und ‚effektive Stundenlöhne' erhoben. Zusätzlich erfasste man auch das Privatvermögen der Haushalte und das Alter des befragten Haushaltsmitgliedes, vgl. Greenberg und Kosters (1970). Die Daten liegen als Datensatz `mindlohn` vor.
Um einen Eindruck von den Daten zu bekommen, werden paarweise Streudiagramme gezeichnet. Dazu wird im R-Kalkulator die Funktion `pairs` verwendet. An diesen muss dann ein R-Grafik-Objekt angedockt sein:

```
pairs(mindlohn)
```

Die paarweisen Streudiagramme, siehe Abbildung 14.7, zeigen, dass keine fundamentale Abweichung der Linearität zwischen der Zielvariablen Arbeit und den drei in Betracht gezogenen Variablen besteht. Lediglich die Variable Alter ist recht ungünstig besetzt. Es gibt nur zwei Haushalte, bei denen die Haushaltsvorstände aus dem Altersbereich 35-45 herausfallen.
Die Regressionsschätzung ergibt:

```
modell<-lm( Stunden ~ Lohn+Vermoegen+Alter )
print(summary(modell))
```

14.4 Diagnose des Regressionsmodells

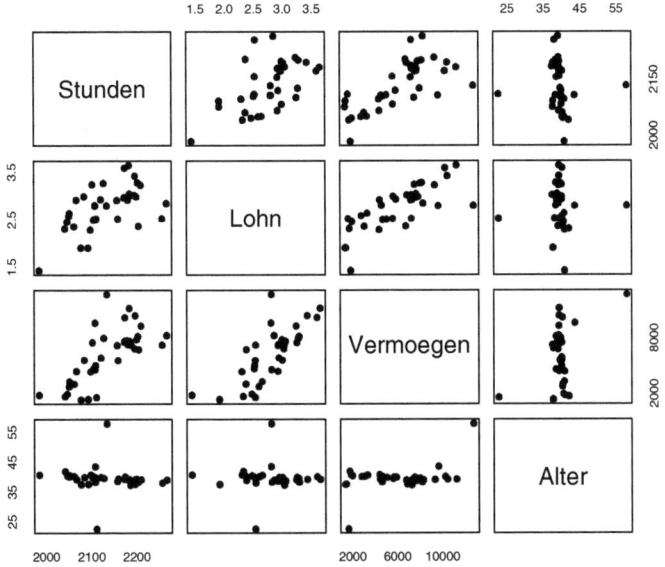

Abbildung 14.7. Paarweise Streudiagramme für ‚Mindestlohn'

```
Call:
lm(formula = Stunden ~ Lohn + Vermoegen + Alter)
Residuals:
    Min      1Q  Median      3Q     Max
-89.612 -15.789   5.388  20.963  74.645
Coefficients:
             Estimate Std. Error t value Pr(>|t|)
(Intercept) 2444.78795   93.62216  26.113  < 2e-16 ***
Lohn         -47.61368   23.00636  -2.070   0.0459 *
Vermoegen      0.02641    0.00393   6.720 8.80e-08 ***
Alter         -8.66277    1.70598  -5.078 1.27e-05 ***
Signif. codes:  0 '***' 0.001 '**' 0.01 '*' 0.05 '.' 0.1
Residual standard error: 35.61 on 35 degrees of freedom
Multiple R-Squared: 0.715,     Adjusted R-squared: 0.6906
F-statistic: 29.28 on 3 and 35 DF,  p-value: 1.184e-09
```

Um die Modellvoraussetzungen abzuklären, soll das Residuendiagramm betrachtet werden. Hier stehen die relevanten Größen nicht automatisch zur Verfügung; sie müssen erst aus dem Ergebnis der lm-Funktion extrahiert werden. Im Anschluss können sie als Streudiagramm im Grafik-Wizard dargestellt werden.

```
ydach<-modell$fitted.values
residuen<-modell$residuals
```

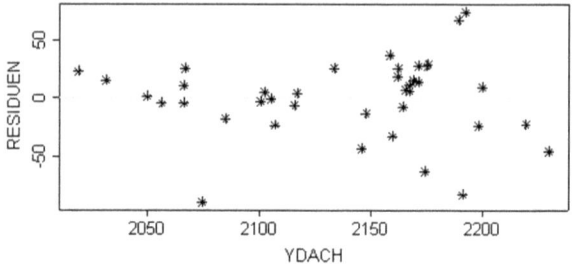

Abbildung 14.8. Residuendiagramm für ‚Mindestlohn'

Das Streudiagramm 14.8 zeigt, dass die Streuung der Residuen mit zunehmender Größe von `ydach` ansteigt. Zudem ist deutlich ein Ausreißer (bei $\hat{y} = 2075$) zu erkennen. Damit sind die Voraussetzungen des linearen Regressionsmodells in diesem Fall offensichtlich verletzt. Vor einer weiteren inhaltlichen Auseinandersetzung wäre der Ausreißer zu beseitigen und eine gewichtete Regression durchzuführen, die die Varianzinhomogenität berücksichtigt. Dazu sei auf Chatterjee/Price (1995) verwiesen. ∎

14.5 Multikollinearität

Weisen bei mehreren erklärenden Variablen die Regressoren eine starke Korrelation auf, eine *Multikollinearität*, so können sich bei der Interpretation Schwierigkeiten auftun, da beispielsweise die Vorzeichen kontraintuitiv sein können. Auch numerische Instabilitäten können dadurch verursacht werden. Insgesamt ist also in diesem Fall Vorsicht angebracht.

Beispiel 14.10 (Multikollinearität)
Das Beispiel 14.7 über ein Marketing-Projekt für einen neuen persönlichen Digitalen Assistenten (PDA) wird fortgesetzt. Jeder befragte Verbraucher gab die ‚Wahrscheinlichkeit des Kaufs' auf einer Skala von 1 (kleine Kaufchance) bis 10 (fast sicherer Kauf) an. Die beiden Prädiktoren sind das Alter (in Jahren) und das Einkommen (in Tausend Dollar). Andere Faktoren, wie das Geschlecht der Verbraucher, werden hier außer Acht gelassen.
Um den Zusammenhang der Variablen zu erkunden, wird eine Streudiagramm-Matrix gezeichnet. Die Daten sind im Datensatz `passist` gespeichert; die Streudiagramm-Matrix bekommt man in einem R-Grafik-Objekt mit dem Aufruf

✏ `pairs(passist)`

im dazwischengeschalteten R-Kalkulator die folgende Abbildung.
Eine Streudiagramm-Matrix lässt erkennen, dass der Zusammenhang zwischen den erklärenden Variablen Alter und Einkommen und der zu erklärenden Variablen Kauf dergestalt ist, dass ein linearer Regressionsansatz sinnvoll er-

14.5 Multikollinearität

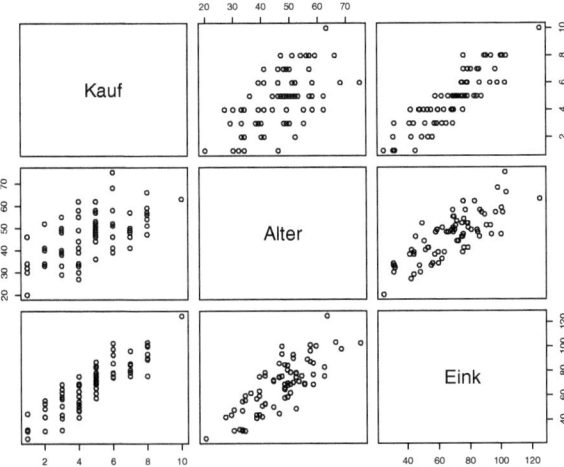

Abbildung 14.9. Streudiagramm-Matrix der Variablen Kauf, Alter und Einkommen

scheint. Die Regression von Kauf gegen Alter und Einkommen führt zu dem nach dem Aufruf angegebenem Ergebnis:

```
modell<-lm(Kauf~Alter+Eink)
summary(modell)
```

```
Call:
lm(formula = Kauf ~ Alter + Eink)
Residuals:
     Min      1Q  Median      3Q     Max
-2.17493 -0.53751 -0.07916 0.49252 2.92249
Coefficients:
            Estimate Std. Error t value Pr(>|t|)
(Intercept)  0.113044   0.448454   0.252    0.802
Alter       -0.069758   0.015621  -4.466  2.9e-05 ***
Eink         0.114887   0.007838  14.657  < 2e-16 ***
---
Signif. codes:  0 '***' 0.001 '**' 0.01 '*' 0.05 '.' 0.1
Residual standard error: 0.8404 on 72 degrees of freedom
Multiple R-Squared: 0.8333,     Adjusted R-squared: 0.8287
F-statistic:   180 on 2 and 72 DF,  p-value: < 2.2e-16
```

Der geschätzte Effekt der Variablen Alter ist in der multiplen Regression signifikant negativ. Für Konsumenten mit gegebenem Einkommen sinkt also das Rating (und damit die Kaufbereitschaft) mit dem Alter. Das ist aber unplausibel, da alle Variablen positiv korreliert sind:

```
print(cor(mark))
```

```
            Kauf      Alter       Eink
Kauf   1.0000000 0.5796621 0.8872260
Alter  0.5796621 1.0000000 0.7989713
Eink   0.8872260 0.7989713 1.0000000
```

Hier ist also die recht hohe Korrelation von Alter und Einkommen wohl die Ursache für die Interpretationsprobleme. ∎

Teil III

Wichtige R-Funktionen

15
Tabellarische Überblicke

Die wichtigsten Funktionen sind hier nach inhaltlichen Gesichtspunkten in Tabellen zusammengefasst. Diese sind mathematische Funktionen, statistische Funktionen, Funktionen zur Erzeugung und Bearbeitung von Vektoren und Matrizen. Bei diesen Tabellen wird der Name mit einer kurzen Angabe des Zweckes der Funktion angegeben. Die Seitenzahl in der dritten Spalte verweist auf die ausführlichere Darstellung in der hier angegebenen Referenz.

Bei der ebenfalls angeführten Tabelle mit Verteilungen wird nicht weiter verwiesen. Bei diesen wird gleich mit angegeben, welche Argumente zulässig sind.

15.1 Mathematische Funktionen

Funktionsname	Funktionsbeschreibung	Seite
`abs`	Betrag	185
`choose`	Binomialkoeffizient	191
`cos, sin, tan`	trigonometrische Funktionen (Bogenmaß)	193
`exp`	Exponentialfunktion	198
`ceiling, floor, round, trunc`	Runden	190
`log, log10, log2`	Logarithmus zur Basis e (=2.718282.........), zur Basis 10 und zur Basis 2	201
`sign`	Vorzeichen	217
`sqrt`	Quadratwurzel	220

15.2 Statistische Funktionen

Funktionsname	Funktionsbeschreibung	Seite
binom.test	Test auf eine Wahrscheinlichkeit	188
chisq.test	Chiquadrat-Anpassungs- und -Unabhängigkeitstest	191
cor	Korrelationskoeffizient	192
cov	Kovarianz	193
cut	Aufteilen des Wertebereiches in Intervalle	195
length	Länge des Vektors	199
lm	Regression	200
mad	Median der absoluten Abweichungen vom Median	201
max	Maximum	203
mean	arithmetisches Mittel	203
median	Median	204
min	Minimum	203
quantile	empirische Quantile	210
range	kleinster und größter Wert	210
rank	Rangwerte	211
scale	Zentrierung und/oder Skalierung	214
sd	Standardabweichung	216
stem	Stem-and-Leaf-Diagramm	221
sum	Summe	221
summary	Übersicht über die wesentlichen statistischen Charakteristika des Eingabeobjektes	222
t.test	Ein- und Zweistichproben-t-Test	224
table	Häufigkeits- oder Kontingenztafel	225
var	Varianz oder Kovarianz	226
wilcox.test	Wilcoxon-Vorzeichenrangtest und -Rangsummentest	228

15.3 Erzeugung und Bearbeitung von Matrizen und Vektoren

Funktionsname	Funktionsbeschreibung	Seite
append	An- bzw. Einfügen von Werten	186
apply	zeilen- oder spaltenweises Anwenden einer Funktion	187
c	Objekte zu einem Vektor zusammenfassen	188
cbind	Nebeneinander zu einer Matrix zusammenfügen	189
cumsum	Kumulierte Summe	195
diag	Extrahieren der Diagonalen einer Matrix	196
rbind	untereinander zu einer Matrix Zusammenfügen	212
rep	Wiederholtes Aneinanderfügen	213
seq	Erzeugung einer Folge	216

sort	Sortieren	218
t	Transponierte einer Matrix	223
ts	Zuordnen von Zeitreihenattributen	225

15.4 Wahrscheinlichkeitsverteilungen

Verteilung	R-Name	Argumente
Binomial	binom	size, prob
Cauchy	cauchy	location, scale
Chiquadrat	chisq	df, ncp
Exponential	exp	rate
F	f	df1, df1, ncp
Gamma	gamma	shape, scale
Geometrische	geom	prob
Gleich	unif	min, max
Hypergeometrische	hyper	m, n, k
Lognormal	lnorm	meanlog, sdlog
Logistische	logis	location, scale
Negative Binomial	nbinom	size, prob
Normal	norm	mean, sd
Poisson	pois	lambda
Wilcoxon-Vorzeichenrangverteilung	signrank	n
Student's t	t	df, ncp
Weibull	weibull	shape, scale
Wilcoxon	wilcox	m, n

Bei den Verteilungen ist den in der mittleren Spalte angegebenen Namen ein Buchstabe voranzustellen, und zwar einer der Buchstaben d, p, q oder r. Dabei bedeuten:

d	Dichte- oder Wahrscheinlichkeitsfunktion	p	Verteilungsfunktion
q	Inverse der Verteilungsfunktion	r	Zufallszahlen

Die angegebenen Argumente ergeben sich als Parameter der Verteilungen. Dafür gibt es Voreinstellungen, die wirksam werden, wenn diese Parameter nicht aufgeführt werden. Obligatorisch an erster Stelle muss jeweils eines der Argumente stehen:

Bei d, p: Vektor von Werten;
Bei q: Vektor von Anteilen;
Bei r: Anzahl der zu erzeugenden Zufallszahlen .

Somit wird durch pnormal(c(-2,3.1)) der Vektor der Werte der Verteilungsfunktion der Normalverteilung mit $\mu = 0$ und $\sigma = 1$ an den beiden Stellen -2 und 3.1 bestimmt. qnormal(0.2,mean=2,sd=3) gibt das 0.2- Quantil der Normalverteilung mit $\mu = 2$ und $\sigma = 3$ zurück.

15.5 Alphabetische Liste

Funktionsname	Funktionsbeschreibung
abs(x)	Beträge der Elemente von x
acos(x)	Arcuscosinus der Elemente von x; diese müssen zwischen -1 und +1 liegen. Für andere Werte wird ein fehlender Wert (NA) ausgegeben.
all(x)	Überprüfen, ob alle Elemente von x TRUE sind.
any(x)	Überprüfen, ob eines der Elemente von x TRUE ist.
append(x, v, a)	Anfügen von Werten v an einen Vektor x nach der durch a bestimmten Stelle, etwa a=length(x).
apply(x,i,function)	Zeilen- (i=1) oder spaltenweises (i=2) oder zeilen- und spaltenweises (i=c(1,2)) Anwenden der Funktion function auf die Matrix x.
asin(x)	Arcussinus der Elemente von x; diese müssen zwischen -1 und +1 liegen. Für andere Werte wird ein fehlender Wert (NA) ausgegeben.
assign("x",...)	Zuweisen von Werten zu der Variablen x; die Punkte stehen für einen einzelnen Wert oder eine Folge von Werten.
atan(x)	Arcustangens der Elemente von x.
binom.test(x)	Test auf eine Wahrscheinlichkeit.
c(x1,x2,..)	Werte x1,x2,.. zu einem Vektor zusammenfassen. Die Angabe kann auch gemäß xu:xo erfolgen; dann wird xu wiederholt um 1 erhöht, solange xo nicht überschritten wird.
cbind(x,y)	Setzt Vektoren (und Matrizen) nebeneinander zu einer Matrix zusammen.
ceiling(x)	Aufrunden der Werte in x (auf ganze Zahlen).
chisq.test(x)	Chiquadrat-Anpassungs- und -Unabhängigkeitstest
choose(n,x)	Binomialkoeffizient n über x.
cor(x,y)	Korrelationskoeffizient der Vektoren x und y. Wenn x eine Matrix ist und y weggelassen wird, werden die Korrelationen der Spalten von x berechnet. Wird zusätzlich y angegeben, so werden die Korrelationen der Spalten von x mit denen von y bestimmt.
cos(x)	Kosinus der Elemente von x.
cumprod(y)	Gibt einen Vektor zurück, dessen Elemente die kumulativen Produkte der Elemente des Vektors y sind.
cumsum(y)	Gibt einen Vektor zurück, dessen Elemente die kumulierten Summen der Elemente des Vektors y sind.

15.5 Alphabetische Liste

cut(x,breaks)	Teilt den Wertebereich von x in Intervalle mit den in breaks angegebenen Intervallgrenzen auf und kodiert die Werte von x entsprechend der Klasse, in die sie fallen. Die Klasse mit den kleinsten Werten korrespondiert mit den Wert 1 usw.
diag(d)	Macht aus dem Vektor d eine Diagonalmatrix.
dim(x)	Bestimmt die Dimension einer Matrix. Für weitere Funktionalitäten siehe Seite 197.
exp(x)	Exponentialfunktion für die in x enthaltenen Werte.
floor(x)	Abrunden der Werte in x (auf ganze Zahlen).
identical(x, y)	Test, ob zwei Vektoren bzw. Matrizen exakt gleich sind. Die Ausgabe ist TRUE, wenn dies gilt und FALSE in jedem anderen Fall.
inverse.rle(r)	Rekonstruiert einen Datenvektor aus der Häufigkeitstabelle r.
is.na(x)	Überprüfen auf fehlende Werte in x. An jeder Stelle, an der ein Wert vorhanden ist, wird FALSE ausgegeben, sonst TRUE.
length(x)	Länge des Vektors x bzw. Anzahl der Elemente der Matrix x.
lm(y~x)	Führt eine Regression mit der abhängigen Variablen y und der unabhängigen Variablen x durch. Dabei wird ein konstantes Glied berücksichtigt.
log(x)	Logarithmus zur Basis e (=2.718282.........).
log10(x)	Logarithmus zur Basis 10.
log2(x)	Logarithmus zur Basis 2.
mad(x)	Median der absoluten Abweichungen der Elemente von x vom Median von x.
match(x, table)	Gibt die Positionen in table an, in denen die in x enthaltenen Werte vorkommen.
max(x)	Maximum der Elemente von x.
mean(x)	Arithmetisches Mittel der Elemente von x.
median(x)	Median der Elemente von x.
min(x)	Minimum der Elemente von x.
objects()	Namen aller Variablen der aktuellen R-Sitzung
order(x,...)	Sortiert den Vektor x mit der Möglichkeit, nur Teile zu sortieren und zwischen auf- und absteigender Sortierung zu wählen.
prod(x)	Gibt das Produkt aller Werte wieder, die in dem Vektor x enthalten sind.
quantile(x,p)	Bestimmt die empirischen Quantile des Vektors x zu den in p angegebenen Anteilen. Dabei wird linear interpoliert.
range(x)	Gibt den Vektor zurück, der aus dem kleinsten und dem größten der in x enthaltenen Werte besteht.

rank(x)	Gibt die Rangwerte eines numerischen Vektors wieder. Bei Bindungen oder Ties werden mittleren Ränge berechnet.
rbind(x,y)	Setzt Vektoren (und Matrizen) untereinander zu einer Matrix zusammen.
rep(x,times)	Wiederholtes Aneinanderfügen des Vektors x entsprechend der in times angegebenen Anzahl.
replace(x,list,val)	Ersetzt die Werte in x mit den Indizes, die in list aufgeführt sind, durch die in val angegebenen Werte.
rev(x)	Dreht den Vektor x um, so dass das erste Element das letzte wird usw.
rm(x,y,...,list=c)	Löschen der Variablen x und y (und von weiteren, in ... angeführten), oder die in dem Charaktervektor list enthalten sind. Auch eine Kombination von beiden Angaben ist möglich.
round(x)	Rundet die in x enthaltenen Werte. Über das optionale Argument digits = d kann die Nachkommastelle bestimmt werden, bei der gerundet werden soll.
scale(x,..)	Zentriert und/oder skaliert die numerische Matrix x spaltenweise. Die Auswahl nur einer der Operationen geschieht, indem bei center=TRUE, scale=TRUE einer der beiden TRUE auf FALSE gesetzt wird. Es können auch Vektoren angegeben werden, die zur Zentrierung bzw. Skalierung verwendet werden.
scan("datei")	Einlesen von Daten aus einer externen Datei. datei kann eine vollständig spezifizierte Pfadangabe enthalten. (Mit doppelten Backslashes!)
seq(from, to)	Erzeugt eine jeweils um 1 wachsende Folge, bei der der mit to angegebene Wert nicht überschritten wird. Die Schrittweite i kann mittels des optionalen Arguments by=i verändert werden. Mit dem optionalen Argument length=k werden k-2 äquidistante Zwischenwerte bestimmt und zusammen mit from und to ausgegeben.
sign(x)	Bestimmt die Vorzeichen der Elemente von x.
sin(x)	Sinus der Elemente von x.
solve(x)	Inverse der regulären Matrix x.
sort(x)	Sortiert den numerischen Vektor x (partiell) aufsteigend (oder absteigend).
source("datei")	Einbinden von R-Code, der in datei Datei steht.
sqrt(x)	Quadratwurzel der Elemente von x.
sd(x)	Standardabweichung der in x enthaltenen Daten.
stem(x)	Erstellen eines Stem-and-Leaf-Diagramms für einen Datenvektor x

15.5 Alphabetische Liste

substring(x,...)	Extrahiert oder ersetzt einen Teil der Zeichenkette x.
sum(x)	Summe aller in dem Vektor oder der Matrix x enthaltenen Elemente.
summary(x)	Je nach Art der Eingabe gibt diese Funktion eine Übersicht über die wesentlichen statistischen Charakteristika von x aus:
	univariater Datensatz, Vektor: 5-Zahlenzusammenfassung, ohne Umfang der Daten aber mit arithmetischem Mittel.
	Ergebnis der Funktion lm: Übersicht über das Regressionsergebnis
t(x)	Bestimmt die Transponierte der Matrix x.
t.test(x,..)	Ein- und Zweistichproben-t-Test
table(x,..)	Häufigkeits- oder Kontingenztafel der Variable x bzw. zweier Variablen x und y.
tan(x)	Tangens der Werte von x.
trunc(x)	Abrunden der Werte von x (auf ganze Zahlen).
var(x,..)	Varianz oder Kovarianz der Variablen x bzw. zweier Variablen x und y.
wilcox.test(x,,..)	Wilcoxon-Vorzeichenrangtest und -Rangsummentest

16
Referenz von R-Funktionen

Im folgenden wird eine alphabetische Referenz der wichtigsten R-Funktionen gegeben. Diese Aufstellung ist nicht vollständig. Es werden auch nicht alle optionalen Argumente der Funktionen angegeben. Für weitere Funktionen und zum genauen Gebrauch der angegebenen Funktionen ist die R-Hilfe zu konsultieren.

abs	Betrag

BESCHREIBUNG

  Bestimmt die Absolutwerte der in y enthaltenen Elemente.

SYNTAX

  `abs(y)`

ARGUMENTE

  y   Vektor

AUSGABE

  Vektor der Beträge von y.

PAKET/BIBLIOTHEK

  `package base`

BEISPIELE

```
y<-c(3,-2)
print(abs(y))
[1] 3 2
```

acos, asin, atanInverse trigonometrische Funktionen

BESCHREIBUNG

Berechnung der inversen trigonometrischen Funktionen Arcus Cosinus, Arcus Sinus und Arcus Tangens.

SYNTAX

```
acos(y)
asin(y)
atan(y)
```

ARGUMENTE

y   Vektor oder Matrix

AUSGABE

Transformation von y entsprechend der angegebenen Funktion:
`acos`   Arcus Cosinus
`asin`   Arcus Sinus
`atan`   Arcus Tangens
Objekt vom gleichen Typ wie y. Die einzelnen Elemente sind die einzeln transformierten Werte der entsprechenden Elemente von y.

BEMERKUNGEN

Für die Funktionen `acos` und `asin` müssen die Eingabewerte zwischen -1 und +1 liegen. Für andere Werte wird NaN (keine Zahl) ausgegeben.

PAKET/BIBLIOTHEK

`package base`

BEISPIELE

```
y<-c(0.3,-0.2,1.5)
print(acos(y))         # 1.5 ist keine korrekte Eingabe.
[1] 1.266104 1.772154 NaN
```

appendAnfügen von Vektoren

BESCHREIBUNG

Anfügen von Werten an einen Vektor.

SYNTAX

`append(x,v)`

ARGUMENTE

y   Vektor
v   Zahl oder Vektor

16. Referenz von R-Funktionen

OPTIONALE ARGUMENTE
- `a=stelle` Anfügen von Werten v an einen Vektor x nach der durch a bestimmten Stelle.

AUSGABE

Neuer Vektor mit den Elementen von y und v.

PAKET/BIBLIOTHEK

`package base`

BEISPIELE

```
y<-c(1:4); print(append(y,2))
[1] 1 2 3 4 2
y<-c(1:4); print(append(y,2,a=3))
[1] 1 2 3 2 4
```

---

apply   Koordinatenweises Anwenden einer Funktion

BESCHREIBUNG

Anwenden einer Funktion auf die Zeilen oder Spalten einer Matrix.

SYNTAX

`apply(y,i,function)`

ARGUMENTE
- y   Matrix
- i   1 oder 2, für zeilen- bzw. spaltenweise Ausführung der Funktion.
- function   R-Funktion, die auf Vektoren operiert. Bei Funktionen wie +, %*%, u.s.w. muss die Funktion in Anführungsstriche gesetzt werden.

AUSGABE

Vektor mit den Werten von `function(y[i,])` oder `function(y[,j])`

PAKET/BIBLIOTHEK

`package base`

BEISPIELE

```
y<-c(1:12); y<-matrix(y,3,4);
print(apply(y,1,mean)); print(apply(y,2,mean))
[1] 5.5 6.5 7.5
[1] 2 5 8 11
```

binom.test	Test auf eine Wahrscheinlichkeit

BESCHREIBUNG

Testen einer Hypothese über eine Wahrscheinlichkeit p bzw. Bestimmung eines Konfidenzintervalles für p.

SYNTAX

    `binom.test(y,n)`

ARGUMENTE

    y   Skalar, Anzahl der Erfolge oder Vektor der Länge 2 mit der Anzahl der Erfolge und der Misserfolge. In letzterem Fall braucht n nicht eingegeben zu werden.

    n   Anzahl der Versuche.

OPTIONALE ARGUMENTE

    `p=0.5`   Wert der Erfolgswahrscheinlichkeit unter H_0.

    `alternative="a"` Wahl der Alternative. Für a darf stehen:
        `two.sided, less, greater`

    `conf.level=0.95` Wahl des Konfidenzniveaus $1 - \alpha$ bzw. des Testniveaus α. Statt 0.95 darf ein anderer Wert zwischen 0 und 1 eingegeben werden.

AUSGABE

Liste mit folgenden Komponenten:

statistic	Anzahl der Erfolge
parameter	Anzahl der Versuche
p.value	P-Wert
conf.int	Konfidenzintervall für die Erfolgswahrscheinlichkeit
estimate	Schätzwert der Erfolgswahrscheinlichkeit
null.value	Erfolgswahrscheinlichkeit unter H_0
alternative	Zeichenkette, die die gewählte Alternative beschreibt.
method	Zeichenkette "Exact binomial test"
data.name	Zeichenkette mit dem Namen der Daten.

PAKET/BIBLIOTHEK

    `package stats`

BEISPIELE

    Siehe Seite 150.

c   Objekte zu einem Vektor zusammenfassen

BESCHREIBUNG

Die Objekte x1,x2,.. werden zu einem Vektor zusammengefasst.

SYNTAX

    c(x1,x2,...)

ARGUMENTE
    x1   R-Objekt
    x2   R-Objekt
    ...   ggf. weitere Objekte

AUSGABE

Vektor mit den Elementen der Eingabeobjekte

PAKET/BIBLIOTHEK

    package base

BEISPIELE

    x<-c(1:8); y<-matrix(c(1:4),2,2); print(c(x,y))

    [1] 1 2 3 4 5 6 7 8 1 2 3 4

cbind   Verbinden von Objekten zu einer Matrix

BESCHREIBUNG

Objekte x1,x2,.. werden nebeneinander zu einer Matrix zusammengefasst.

SYNTAX

    cbind(x1,x2,...)

ARGUMENTE
    x1   Matrix oder Vektor
    x2   Matrix oder Vektor
    ...   ggf. weitere Matrizen oder Vektoren

AUSGABE

Matrix mit den Spalten der Eingabeobjekte.

PAKET/BIBLIOTHEK

    package base

BEISPIELE

```
x<-c(1:3); y<-matrix(c(1:6),3,2); print(cbind(x,y))
     x
[1,] 1 1 4
[2,] 2 2 5
[3,] 3 3 6
```

ceiling, floor, round, trunc   Runden

BESCHREIBUNG

Runden der Werte in y auf die nächst kleinere bzw. größere ganze Zahl.

SYNTAX

```
ceiling(y)
floor(y)
round(y)
trunc(y)
```

ARGUMENTE

    y   Matrix, Vektor oder Variable

AUSGABE

Objekt gleichen Typs wie die Eingabe, bei dem die Elemente gerundet sind.

PAKET/BIBLIOTHEK

package base

BEISPIELE

```
y<-c(-5.3,0.6,6,10.1)
print(ceiling(y))
[1] -5 1 6 11
print(floor(y))
[1] -6 0 6 10
print(round(y))
[1] -5 1 6 10
print(trunc(y))
[1] -5 0 6 10
```

chisq.test — Pearson's Chi-quadrat-Test für Häufigkeiten

BESCHREIBUNG

Testen einer Hypothese über Wahrscheinlichkeiten in einer Kontingenztafel.

SYNTAX

chisq.test(x)

ARGUMENTE

x   Vektor oder Matrix von absoluten Häufigkeiten

OPTIONALE ARGUMENTE

correct=T   Logischer Wert (TRUE oder FALSE), der angibt, ob die Teststatistik mit Stetigkeitskorrektur berechnet wird oder nicht.

p=   Vektor von Wahrscheinlichkeiten von der gleichen Länge wie der Vektor x.

AUSGABE

Liste mit folgenden Komponenten:
- statistic   Wert der χ^2-Teststatistik
- parameter   Anzahl der Freiheitsgrade bei der asymptotischen Variante des χ^2-Tests.
- p.value P-Wert
- observed   Beobachtete Anzahlen
- expected   Unter H_0 erwartete Anzahlen

BEMERKUNGEN

Falls x ein Vektor ist, wird ein Anpassungstest durchgeführt.

PAKET/BIBLIOTHEK

package stats

BEISPIELE

Siehe Seiten 156, 157.

choose — Binomialkoeffizient

BESCHREIBUNG

Binomialkoeffizient n über x.

SYNTAX

choose(n,x)

ARGUMENTE

    n   ganze positive Zahl oder Vektor von solchen Zahlen
    x   ganze positive Zahl oder Vektor von solchen Zahlen

AUSGABE

Binomialkoeffizient oder Vektor von Binomialkoeffizienten.

BEMERKUNGEN

Die Werte von x müssen kleiner oder gleich den entsprechenden Werten von n sein. Ansonsten wird ein NaN ausgegeben.

PAKET/BIBLIOTHEK

`package base`

BEISPIELE

```
x<-choose(c(3,4,5,6),2); print(x)
[1]  3  6 10 15
```

cor — Korrelationskoeffizient

BESCHREIBUNG

Bestimmung des Korrelationskoeffizienten zweier Vektoren x und y.

SYNTAX

`cor(x,y)`

ARGUMENTE

    x   Vektor oder Matrix
    y   Vektor

AUSGABE

Wert des Korrelationskoeffizienten

BEMERKUNGEN

Sind x und y Vektoren, so wird die Korrelation von x und y bestimmt. Wenn x eine Matrix ist und y weggelassen wird, wird die Korrelationsmatrix der Spalten von x berechnet.

PAKET/BIBLIOTHEK

`package stats`

BEISPIELE

```
r<-cor(c(3,4,5,6),c(2,3,3,4)); print(r)
[1] 0.9486833
```

16. Referenz von R-Funktionen

cos, sin, tan — Trigonometrische Funktionen

BESCHREIBUNG

Berechnung der trigonometrischen Funktionen Kosinus, Sinus und Tangens.

SYNTAX

```
cos(y)
sin(y)
tan(y)
```

ARGUMENTE

y   Vektor

AUSGABE

Elementweise Transformation von y entsprechend der angegebenen Funktion:
- `cos` Kosinus
- `sin` Sinus
- `tan` Tangens

BEMERKUNGEN

Die Eingabewerte werden als Bogenmaß interpretiert.

PAKET/BIBLIOTHEK

`package base`

BEISPIELE

```
r<-cos(c(180,pi)); print(r)
[1] -0.5984601 -1.0000000
```

---

cov — Kovarianz

BESCHREIBUNG

Kovarianz von x und y.

SYNTAX

```
cov(x,y)
```

ARGUMENTE

x   Vektor oder Matrix
y   Vektor

AUSGABE

Wert der Kovarianz.

BEMERKUNGEN

Sind x und y Vektoren, so wird die Kovarianz von x und y bestimmt. Wenn x eine Matrix ist und y weggelassen wird, wird die Kovarianzmatrix der Spalten von x berechnet.

PAKET/BIBLIOTHEK

`package stats`

BEISPIELE

```
s<-cov(c(3,4,5,6),c(2,3,3,1)); print(s)
[1] -0.5
```

---

cumprod   kumulative Produkte

BESCHREIBUNG

Kumulative Produkte der Elemente des Eingabevektors y

SYNTAX

`cumprod(y)`

ARGUMENTE

y   Vektor

AUSGABE

Vektor mit den kumulativen Produkten der Elemente von y

BEMERKUNGEN

Hat der Vektor einen fehlenden Wert, so sind ab diesem alle Werte der Ausgabe NA.

PAKET/BIBLIOTHEK

`package base`

BEISPIELE

```
y<-c(1:4); print(cumprod(y))
[1] 1 2 6 24
y<-c(2,3,5,NA,6); print(cumprod(y))
[1] 2 6 30 NA NA
```

cumsum	kumulative Summen

BESCHREIBUNG

Kumulative Summen der Elemente des Eingabevektors y

SYNTAX

`cumsum(y)`

ARGUMENTE

    y   Vektor

AUSGABE

Vektor mit den kumulativen Summen der Elemente von y.

BEMERKUNGEN

Hat der Vektor einen fehlenden Wert, so sind ab diesem alle Werte der Ausgabe `NA`.

PAKET/BIBLIOTHEK

`package base`

BEISPIELE

```
y<-c(1:4); print(cumsum(y))
[1] 1 3 6 10
y<-c(2,3,5,NA,6); print(cumsum(y))
[1] 2 5 10 NA NA
```

cut	Klassierung

BESCHREIBUNG

cut teilt den Wertebereich von x in Intervalle und kodiert die Werte in x entsprechend der jeweiligen Klasse, in die sie fallen. Die Klassengrenzen sind dabei durch den Vektor `breaks` gegeben. Die am weitesten links liegende Klasse korrespondiert mit dem Level 1, das nächste mit 2 und so weiter.

SYNTAX

`cut(x,breaks)`

ARGUMENTE

    x   Variable oder numerischer Vektor
    breaks numerischer Vektor

OPTIONALE ARGUMENTE

labels=... Für ... kann das logische Argument FALSE oder ein Vektor mit Labels für die Klassen angegeben werden.

include.lowest=TRUE Wird dieses Argument angegeben, so werden in der untersten Klasse diejenigen Werte aus x, die gleich der Klassenuntergrenze sind, zu der Klasse gerechnet. Sonst fallen sie weg.

right=FALSE Wird dieses Argument angegeben, so wird die Klasse nach oben hin offen und nach unten als geschlossen behandelt.

AUSGABE

Ein Faktor, der für jeden Wert von y die zugehörige Klasse angibt. Wird das optionale Argument labels=FALSE angegeben, so bestehen die Faktorwerte aus einfachen Zahlen; bei Verwendung von direkten Labels werden diese ausgegeben.

PAKET/BIBLIOTHEK

package base

BEISPIELE

```
y<-rnorm(20); breaks<-c(-4,-1,1,4)
print(cut(y,breaks))
```
```
[1]  (-1,1] (1,4]  (-4,-1] (-4,-1] (-1,1] (-1,1] (-1,1]
[8]  (-1,1] (1,4]  (-1,1]  (-4,-1] (-1,1] (-4,-1] (-1,1]
[15] (-1,1] (-4,-1] (-1,1] (-1,1]  (-1,1] (-1,1]
Levels: (-4,-1] (-1,1] (1,4]
```
```
print(cut(y,breaks,labels=FALSE))
```
```
[1] 2 3 1 1 2 2 2 3 2 1 2 1 2 2 1 2 2 2 2
```
```
print(cut(y,breaks,labels=c("I","II","III")))
```
```
[1]  II III I  I  II II II II III II I  II I  II II I  II II II
[20] II
Levels: I II III
```

diag	Hauptdiagonale einer Matrix

BESCHREIBUNG

Erzeugt eine Diagonalmatrix aus einem Vektor y bzw. extrahiert die Eintragungen auf der Hauptdiagonalen einer Matrix y.

SYNTAX

diag(y)

ARGUMENTE
   y   Vektor oder Matrix

AUSGABE

Diagonalmatrix mit den Elementen von y auf der Hauptdiagonalen bzw. Vektor mit den Elementen der Matrix y, deren Indizes übereinstimmen, also y[i,i].

PAKET/BIBLIOTHEK
   `package base`

BEISPIELE

```
y<-matrix(c(1:20),4,5); print(y)
     [,1] [,2] [,3] [,4] [,5]
[1,]   1    5    9   13   17
[2,]   2    6   10   14   18
[3,]   3    7   11   15   19
[4,]   4    8   12   16   20
print(diag(y))
[1]  1  6 11 16
print(diag(diag(y)))
     [,1] [,2] [,3] [,4]
[1,]   1    0    0    0
[2,]   0    6    0    0
[3,]   0    0   11    0
[4,]   0    0    0   16
```

---

dim   Dimension eines Objektes

BESCHREIBUNG

Anzeigen oder Zuordnen der Dimension eines Objektes.

SYNTAX
   `dim(x)`
   `dim(x)<- werte`

ARGUMENTE
   x   Matrix oder Datensatz

AUSGABE

Es werden Werte, die Dimensionen kennzeichnen, angezeigt bzw. dem Objekt neue Dimensionen zugeordnet.

PAKET/BIBLIOTHEK

   package base

BEISPIELE

> y<-matrix(c(1:4),2,2); print(dim(y))
> [1] 2 2
> y<-c(1:4); dim(y)<-c(2,2); print(dim(y))
> [1] 2 2

exp   Exponentialfunktion

BESCHREIBUNG

Exponentialfunktion für die in y enthaltenen Werte.

SYNTAX

   exp(y)

ARGUMENTE

   y   Vektor, Matrix oder Datensatz

AUSGABE

Ausgegeben wird ein Objekt gleichen Typs wie y, bei dem die einzelnen Elemente mittels der Exponentialfunktion transformiert sind.

PAKET/BIBLIOTHEK

   package base

BEISPIELE

> y<-matrix(c(1:6),2,3); print(exp(y))
>   [,1]   [,2]   [,3]
>   [1,] 2.718282 20.08554 148.4132
>   [2,] 7.389056 54.59815 403.4288

Kovarianz   Kovarianz

BESCHREIBUNG

Kovarianz zweier Vektoren. Je nach Version wird mit $1/n$ (Bibliothek DStat_n.r) oder $1/(n-1)$ (Bibliothek DStat_n-1.r) skaliert.

16. Referenz von R-Funktionen

SYNTAX

    `Kovarianz(x,y)`

ARGUMENTE

    x   Vektor

    y   Vektor der gleichen Länge wie x

AUSGABE

    Wert der Kovarianz von x und y.

PAKET/BIBLIOTHEK

    `Biblithek DStat_n.r bzw. DStat_n-1.r`

BEISPIELE

    `x<- c(4,2,7); y<-c(-1,2,2.5); print(Kovarianz(x,y))`
    `[1] 0.7777778`

---

length	Länge eines Vektors

BESCHREIBUNG

    Es wird die Anzahl der Elemente eines Vektors y bestimmt. y kann auch ein Objekt sein, das einen Vektor mit zusätzlichen Eigenschaften darstellt, etwa eine Matrix oder eine Zeitreihe.

SYNTAX

    `length(x)`

ARGUMENTE

    y   Vektor oder darauf aufbauendes Objekt.

AUSGABE

    Anzahl der Elemente von y

PAKET/BIBLIOTHEK

    `package base`

BEISPIELE

    `y<-c(1:20); print(length(y))`
    `[1] 20`
    `y<-matrix(c(1:20),4,5); print(length(y))`
    `[1] 20`

lm   Bestimmung eines linearen Modells

BESCHREIBUNG

Schätzt ein lineares Modell. Speziell kann hiermit eine Regression mit der abhängigen Variablen y und der unabhängigen Variablen x durchgeführt werden. Die Funktion ist auch zur Durchführung einer Varianzanalyse geeignet.

SYNTAX

lm(y~x1+x2+...)

ARGUMENTE

y   Vektor
x1   Vektor oder Matrix
x2   weiterer Vektor bzw. Matrix
...   weitere Vektoren oder Matrizen

AUSGABE

Eine Liste mit folgenden Komponenten:
coefficients   Vektor von Koeffizienten
residuals   Residuen, d.h. die beobachteten abhängigen minus
               den angepassten Werten
fitted.values die angepassten Werte.

BEMERKUNGEN

Ein konstantes Glied wird per Voreinstellung berücksichtigt.
Mit der Funktion `summary` erhält man einen umfassenderen Überblick über die berechneten Größen.

PAKET/BIBLIOTHEK

package stats

BEISPIELE

```
x<-c(1:20); y<-2+3*x+rnorm(20)
out<-lm(y~x); print(out)
Call:
lm(formula = y ~ x)
Coefficients:
(Intercept)  x
2.267  2.952
```

log, log10, log2	Logarithmus

BESCHREIBUNG

Bestimmun des Logarithmus der in y enthaltenen Elemente.

SYNTAX

```
log(y)
log10(y)
log2(y)
```

ARGUMENTE

    y   Positiver numerischer Wert oder Vektor von solchen Werten

AUSGABE

Transformation der Elemente von y entsprechend der angegebenen Funktion:
log   natürlicher Logarithmus
log10 Logarithmus zur Basis 10
log2 Logarithmus zur Basis 2

PAKET/BIBLIOTHEK

`package base`

BEISPIELE

```
y<-c(1:4); print(log(y))
[1] 0.000000 0.693147 1.098612 1.386294
print(log10(y))
[1] 0.000000 0.301030 0.477121 0.602060
print(log2(y))
[1] 0.000000 1.000000 1.584963 2.000000
```

mad	Median der absoluten Abweichungen vom Median

BESCHREIBUNG

Median der absoluten Abweichungen der Elemente von y vom Median von y. Um im Fall der Normalverteilung eine konsistente Schätzung von σ zu erhalten, wird der Faktor 1.4826 per Voreinstellung heranmultipliziert.

SYNTAX

```
mad(y)
```

ARGUMENTE

    y   Vektor

OPTIONALE ARGUMENTE

    na.rm=T   Hat der Vektor fehlende Werte, so muss dieses optionale Argument angegeben werden, damit die NA's entfernt und der MAD der vorhandenen Werte bestimmt werden kann.

    constant=f   Ändert den voreingestellten Faktor in den vom Anwender gewünschten, etwa f=1.

AUSGABE

Der MAD von y

PAKET/BIBLIOTHEK

package stats

BEISPIELE

```
y<-c(1, 3, 5, 2, 20); print(mad(y))
[1] 2.9652
```

---

matrix   Bilden einer Matrix

BESCHREIBUNG

Aus einem Vektor wird eine Matrix gebildet.

SYNTAX

matrix(y,z,s)

ARGUMENTE

    y   Vektor
    z   Zahl, Anzahl der Zeilen
    s   Zahl, Anzahl der Spalten

AUSGABE

Die aus den Werten von y gebildete (z, s)-Matrix.

PAKET/BIBLIOTHEK

package base

BEISPIELE

```
x<-matrix(c(1:6),2,3); print(x)
     [,1] [,2] [,3]
[1,]   1    3    5
[2,]   2    4    6
```

max, min	Maximum, Minimum

BESCHREIBUNG

Maximum bzw. Minimum der Werte eines Vektors

SYNTAX

```
max(y)
min(y)
```

ARGUMENTE

y   numerischer Vektor

AUSGABE

Numerischer Wert, das Maximum bzw. Minimum der Elemente von y.

PAKET/BIBLIOTHEK

`package base`

BEISPIELE

```
y<-c(-0.327, 0.888, 0.950, -2.135, 0.596)
print(max(y))
print(min(y))
[1] 0.950 [1] -2.135
```

mean	arithmetisches Mittel

BESCHREIBUNG

Bestimmt das arithmetische Mittel der Werte eines Vektors.

SYNTAX

`mean(y)`

ARGUMENTE

y   Vektor

OPTIONALE ARGUMENTE

na.rm=T Hat der Vektor fehlende Werte, so muss dieses optionale Argument angegeben werden, damit die NA's entfernt und das Mittel der vorhandenen Werte bestimmt werden kann.

AUSGABE

Arithmetisches Mittel von y.

PAKET/BIBLIOTHEK

package base

BEISPIELE

```
y<-c(1:4); print(mean(y))
[1] 2.5
y<-c(1,2,3,NA); print(mean(y,na.rm=T))
[1] 2
```

---

median   Median

BESCHREIBUNG

Median der Elemente eines Vektors.

SYNTAX

median(y)

ARGUMENTE

y   Vektor

OPTIONALE ARGUMENTE

na.rm=T Hat der Vektor fehlende Werte, so muss dieses optionale Argument angegeben werden, damit die NA's entfernt und der Median der vorhandenen Werte bestimmt werden kann.

AUSGABE

Numerischer Wert, der Median von y.

PAKET/BIBLIOTHEK

package stats

BEISPIELE

```
y<-c(-0.327, 0.888, 0.950, -2.135, 0.596)
print(median(y))
[1] 0.596
```

Median   Median

BESCHREIBUNG

Median univariater Daten.

SYNTAX

    Median(y)

ARGUMENTE

    y   numerischer Vektor, Variable, Vektor, Häufigkeitstabelle (unklassiert und klassiert, als Labor-Objekt oder mit table erzeugt)

AUSGABE

Numerischer Wert, der Median von y

PAKET/BIBLIOTHEK

    Bibliothek DStat_n.r bzw. DStat_n-1.r

BEISPIELE

    y<-c(3,4,6,3,2,8,6,1,3,4,6,5)
    ta<-table(y)
    print(Median(ta))
    [1] 4.5

Mittel   arithmetisches Mittel

BESCHREIBUNG

Arithmetisches Mittel univariater Daten.

SYNTAX

    Mittel(y)

ARGUMENTE

    y   numerischer Vektor, Variable, Vektor, Häufigkeitstabelle (unklassiert und klassiert, als Labor-Objekt oder mit table erzeugt)

AUSGABE

Numerischer Wert, das arithmetische Mittel von y.

PAKET/BIBLIOTHEK

    Bibliothek DStat_n.r bzw. DStat_n-1.r

BEISPIELE

```
y<-c(3,4,6,3,2,8,6,1,3,4,6,5)
ta<-table(y)
print(Mittel(ta))
[1] 4.25
```

nlm — Minimierung einer nichtlineren Funktion

BESCHREIBUNG

Bestimmt numerisch das Minimum einer nichtlineren Funktion sowie die Stelle, an der es angenommen wird.

SYNTAX

```
nlm(f,x)
```

ARGUMENTE

f   Bezeichnung der zu minimierenden Funktion.
x   Startwert bzw. Vektor von Startwerten.

AUSGABE

Liste mit folgenden Komponenten:
`minimum` Minimum der Funktion;
`estimate` Punkt, bei dem das Minimum angenommen wird.

BEMERKUNGEN

Siehe die R-Referenz zu weiteren Komponenten der Ausgabe-Liste.

PAKET/BIBLIOTHEK

`package stats`

BEISPIELE

Siehe Seite 144.

order — Antiränge

BESCHREIBUNG

Gibt die Folge der Platznummern an, an denen das jeweilig kleinste Element des Vektors steht.

SYNTAX

```
order(y)
```

ARGUMENTE

    y   Vektor

AUSGABE

Vektor der Antiränge.

BEMERKUNGEN

Hat der Vektor fehlende Werte, so werden die NA's an das Ende gesetzt.

PAKET/BIBLIOTHEK

package base

BEISPIELE

```
y<-c(-0.327, 0.888, 0.950, -2.135, 0.596)
o<-order(y)
print(o)
print(y[o])
[1] 4 1 5 2 3
[1] -2.135 -0.327  0.596  0.888  0.950
```

Plotreg   Regressionsgerade mit Intervallen

BESCHREIBUNG

Darstellung der Regressionsgeraden bei einer einfachen linearen Regression mit punktweisen Konfidenz- oder Prognoseintervallen an angegebenen Stellen.

SYNTAX

Plotreg(y,x,x0)

ARGUMENTE

    y   numerischer Vektor, abhängige Variable
    x   numerischer Vektor, unabhängige Variable
    x0   Vektor von Stellen, an denen die Werte der Regressionsgeraden berechnet werden soll.

OPTIONALE ARGUMENTE

    gamma=g Sollen Konfidenz- oder Prognoseintervalle gezeichnet werden, so ist gamma als Niveau zu wählen (z.B. 0.95).
    typ="i" Der Intervalltyp: Für i ist konfidenz oder prognose einzusetzen

PAKET/BIBLIOTHEK

   Bibliothek Regression.r

BEISPIELE

   Siehe Seite 163.

prod   Produkt

BESCHREIBUNG

   Produkt der Elemente des Eingabevektors y

SYNTAX

   prod(y)

ARGUMENTE

   y   Vektor

AUSGABE

   Skalar, das Produkt der Elemente von y

PAKET/BIBLIOTHEK

   package base

BEISPIELE

```
y<-c(1:4); print(prod(y))
[1] 24
```


Progreg   Prognose mittels Regression

BESCHREIBUNG

   Bestimmung von Prognosewerten mit linearer Regression an angegebenen Stellen.

SYNTAX

   Progreg(y,x,x0)

ARGUMENTE

   y   numerischer Vektor, abhängige Variable
   x   numerischer Vektor, unabhängige Variable
   x0   Vektor von Stellen, an denen die Werte der Regressionsfunktion berechnet werden sollen.

Optionale Argumente

gamma=g Sollen zusätzlich Konfidenz- oder Prognoseintervalle bestimmt werden, so ist gamma als Niveau zu wählen (z.B. 0.95)

typ="i" Der Intervalltyp: Für i ist konfidenz oder prognose einzusetzen

Ausgabe

Vektor der gleichen Länge wie x0 mit den Prognose-Werten, falls gamma und typ nicht gesetzt sind. Andernfalls wird eine dreispaltige Matrix ausgegeben.

Paket/Bibliothek

Bibliothek Regression.r

Beispiele

```
y<-c(3,4,6,3,2,1,6,1,3,4,6,5)
x<-<-c(1:12)
print(Progreg(y,x,c(1,3.2,7)))
```
```
     [,1]
[1,] 3.128205
[2,] 3.343590
[3,] 3.715618
```

Quantil   Quantile

Beschreibung

Empirische Quantile univariater Daten.

Syntax

Quantil(y)

Argumente

y   numerischer Vektor, Variable, Vektor, Häufigkeitstabelle (unklassiert und klassiert, als Labor-Objekt oder mit table erzeugt)

Ausgabe

Numerischer Wert, der Median von y.

Bemerkungen

Anders als bei der R-Funktion werden hier keine Interpolationen vorgenommen. Vielmehr wird die Formel (10.3) zu Grunde gelegt.

PAKET/BIBLIOTHEK

   Bibliothek DStat_n.r bzw. DStat_n-1.r

BEISPIELE

```
y<-c(3,4,6,3,2,8,6,1,3,4,6,5)
ta<-table(y)
print(Quantil(ta,c(.2,.5,.75)))
```
```
[1] 3 4 6
```

---

quantile   Quantile

BESCHREIBUNG

Bestimmt die empirischen Quantile des Vektors x zu den in p angegebenen Anteilen.

SYNTAX

   quantile(y,p)

ARGUMENTE

   y   numerischer Vektor
   p   numerischer Vektor von Anteilen; die Werte müssen also aus dem Intervall [0,1] sein.

AUSGABE

Vektor mit den Stichprobenquantilen zu den angegebenen Anteilen.

BEMERKUNGEN

Die Quantile werden mittels linearer Interpolation bestimmt.

PAKET/BIBLIOTHEK

   package stats

BEISPIELE

```
y<-c(-0.327, 0.888, 0.950, -2.135, 0.596)
q<-quantile(y,c(0,.3,1))
print(q)
```
```
    0%     30%    100%
-2.1350 -0.1424 0.9500
```

range	Spannweite

BESCHREIBUNG

Bestimmt die beiden die Spannweite konstituierenden Werte, das Minimum und das Maximum.

SYNTAX

```
range(y)
```

ARGUMENTE

y   Vektor

AUSGABE

Gibt den Vektor zurück, der aus dem kleinsten und dem größten der in y enthaltenen Werte besteht.

PAKET/BIBLIOTHEK

```
package base
```

BEISPIELE

```
y<-c(-0.327, 0.888, 0.950, -2.135, 0.596)
r<-range(y); print(r)
[1] -2.135 0.950
```

rank	Rangwerte

BESCHREIBUNG

Bestimmt die Folge der Rangwerte; bei Bindungen werden mittlere Ränge vergeben.

SYNTAX

```
rank(y)
```

ARGUMENTE

y   Vektor

AUSGABE

Vektor der Rangwerte.

PAKET/BIBLIOTHEK

```
package base
```

BEISPIELE

> y<-c(-0.327, 0.888, 0.950, -2.135, 0.596, 0.888)
> r<-rank(y); print(r)

[1] 2.0 4.5 6.0 1.0 3.0 4.5

rbind	Verbinden von Objekten zu einer Matrix

BESCHREIBUNG

Objekte x1,x2,.. werden untereinander zu einer Matrix zusammengefasst.

SYNTAX

rbind(x1,x2,...)

ARGUMENTE

x1   Matrix oder Vektor
x2   Matrix oder Vektor
... ggf. weitere Matrizen oder Vektoren.

AUSGABE

Matrix mit den Spalten der Eingabeobjekte.

BEMERKUNGEN

Gegebenenfalls werden bei Objekten Spalten abgeschnitten oder durch Wiederholen ergänzt.

PAKET/BIBLIOTHEK

package base

BEISPIELE

> x<-c(11:13); y<-matrix(c(1:6),3,2); z<-0
> print(rbind(x,y,z))

```
  [,1] [,2] [,3] [,4]
x   11   12   13   11
     1    4    7   10
     2    5    8   11
     3    6    9   12
z    0    0    0    0
```

16. Referenz von R-Funktionen

Regress — Regression

BESCHREIBUNG

Bestimmung der Regressionskoeffizienten einer linearen Regression.

SYNTAX

`Regress(y,x)`

ARGUMENTE

y   numerischer Vektor, abhängige Variable
x   numerischer Vektor, unabhängige Variable

OPTIONALE ARGUMENTE

`stdfehler=F` Sollen zusätzlich die Standardfehler der Koeffizienten bestimmt werden, so ist `stdfehler=TRUE` anzugeben.

AUSGABE

Vektor der Koeffizienten bzw. Matrix mit Koeffizienten und Standardabweichungen, falls `stdfehler=TRUE` gewählt ist.

PAKET/BIBLIOTHEK

`Bibliothek Regression.r`

BEISPIELE

```
y<-c(3,4,6,3,2,1,6,1,3,4,6,5)
x<-<-c(1:12)
print(Regress(y,x,stdfehler=TRUE))
                beta      stderror
(Intercept) 3.0303030 1.1562747
    x       0.0979021 0.1571068
```

rep — Wiederholung

BESCHREIBUNG

Setzt den als erstes Argument angegebenen Vektor so oft hintereinander, wie im zweiten Argument angegeben.

SYNTAX

`rep(y,r)`

ARGUMENTE

y   Wert oder Vektor
r   ganze Zahl, Anzahl der Wiederholungen

AUSGABE

Vektor, in dem die Elemente von y zyklisch wiederholt werden.

PAKET/BIBLIOTHEK

`package base`

BEISPIELE

```
x<-c(1:3); y<-rep(x,4); print(y)
[1] 1 2 3 1 2 3 1 2 3 1 2 3
```

---

rev   Umdrehen

BESCHREIBUNG

Sortiert einen Vektor um, so dass das letzte Element als erstes zu stehen kommt, das vorletzte als zweites u.s.w.

SYNTAX

`rev(y)`

ARGUMENTE

y   Vektor

AUSGABE

Vektor, in dem die Elemente von y in umgekehrter Reihenfolge stehen.

PAKET/BIBLIOTHEK

`package base`

BEISPIELE

```
x<-c(1:3); print(rev(x))
[1] 3 2 1
```

---

scale   Skalierung und Zentrierung

BESCHREIBUNG

Skalierung mit der Standardabweichung und Zentrierung mit dem arithmetischen Mittel der Spalten einer Matrix.

SYNTAX

`scale(y)`

ARGUMENTE
   y   Matrix

OPTIONALE ARGUMENTE
   center=F   Unterdrückt die Zentrierung.
   scale=F   Unterdrückt die Skalierung.

AUSGABE

Matrix bei der die angegebenen spaltenweisen Skalierungen bzw. Zentrierungen vorgenommen wurden.

PAKET/BIBLIOTHEK

   package base

BEISPIELE

```
y<-matrix(c(1:12),4,3)
print(scale(y))
            [,1]       [,2]       [,3]
[1,] -1.1618950 -1.1618950 -1.1618950
[2,] -0.3872983 -0.3872983 -0.3872983
[3,]  0.3872983  0.3872983  0.3872983
[4,]  1.1618950  1.1618950  1.1618950
```

---

scan   Einlesen

BESCHREIBUNG

Einlesen von Daten aus einer externen Datei in einen Vektor.

SYNTAX

   scan("datei")

ARGUMENTE
   datei Ein Dateiname oder eine vollständig spezifizierte Pfadangabe (mit doppelten Backslashes!).

AUSGABE

Vektor mit den eingelesenen Werten.

PAKET/BIBLIOTHEK

   package base

BEISPIELE

```
y<-scan("c:\\daten\\meindat.txt")
```

sd   Standardabwechung

BESCHREIBUNG

Standardabweichung der Werte in einem Vektor

SYNTAX

    sd(y)

ARGUMENTE

    y   Vektor

AUSGABE

Standardabweichung der in y enthaltenen Daten. Zur Normierung wird der Faktor $1/(n-1)$ verwendet.

PAKET/BIBLIOTHEK

    package stats

BEISPIELE

    y<-c(-0.327, 0.888, 0.950, -2.135, 0.596)
    s<-sd(y); print(s)
    [1] 1.295305

seq   Erzeugen einer Folge

BESCHREIBUNG

Erzeugen einer regulären Folge von gleichabständigen Werten.

SYNTAX

    seq(from, to)

ARGUMENTE

    from   Erzeugt eine jeweils um 1 wachsende Folge, bei der der mit to angegebene Wert nicht überschritten wird.
    to   Erzeugt eine jeweils um 1 wachsende Folge, bei der der mit to angegebene Wert nicht überschritten wird.

OPTIONALE ARGUMENTE

    by=b   Zahl, welche die Schrittweite bei der Erzeugung der Folge festlegt.
    length=k Mit diesem optionalen Argument werden k-2 äquidistante Zwischenwerte bestimmt und zusammen mit from und to ausgegeben.

AUSGABE

Vektor y mit den erzeugten Werten

BEMERKUNGEN

Wenn die Schrittweite nicht genau auf den Endpunkt to führt, wird mit der Erzeugung der Werte unterhalb von to aufgehört.

PAKET/BIBLIOTHEK

package base

BEISPIELE

```
y<-seq(4,16); print(y)
[1] 4 5 6 7 8 9 10 11 12 13 14 15 16
y<-seq(4,16,by=2.5); print(y)
[1] 4.0 6.5 9.0 11.5 14.0
y<-seq(4,16,length=6); print(y)
[1] 4.0 6.4 8.8 11.2 13.6 16.0
```

sign   Vorzeichen

BESCHREIBUNG

Bestimmt die Vorzeichen der Elemente von y.

SYNTAX

sign(y)

ARGUMENTE

y   Vektor

AUSGABE

Vektor mit den Vorzeichen der Elemente von y. Das Vorzeichen ist

$$\operatorname{sign}(y) = \begin{cases} -1 & \text{für } y < 0 \\ 0 & \text{für } y = 0 \\ 1 & \text{für } y > 0 \end{cases}.$$

PAKET/BIBLIOTHEK

package base

BEISPIELE

    📝 y<-c(-0.327, 0.888, 0.950, 0.0, -2.135, 0.596)
       r<-sign(y); print(r)
    💻 [1] -1 1 1 0 -1 1

solve — Inverse einer Matrix

BESCHREIBUNG

Bestimmt die Inverse der regulären Matrix y.

SYNTAX

    solve(y)

ARGUMENTE

    y (n,n)-Matrix

AUSGABE

(n,n)-Matrix, die Inverse von y.

PAKET/BIBLIOTHEK

    package base

BEISPIELE

    📝 y<-matrix(c(-0.327, 0.888, 0.950, 0.596),2,2)
       i<-solve(y); print(i); print(i%*%y)
    💻
```
              [,1]       [,2]
     [1,] -0.5739091  0.9147880
     [2,]  0.8550860  0.3148797
              [,1]       [,2]
     [1,]      1          0
     [2,]      0          1
```

sort — Sortieren

BESCHREIBUNG

Sortiert den numerischen Vektor x (partiell) aufsteigend.

SYNTAX

    sort(y)

ARGUMENTE
    y   Vektor

OPTIONALE ARGUMENTE
    partial Ein Vektor von Indizes für partielle Sortierung.

AUSGABE
    Vektor, der die Elemente von x in sortierter Reihenfolge enthält.

PAKET/BIBLIOTHEK
    package base

BEISPIELE
```
y<-c(-0.327, 0.888, 0.950, 0.596)
s<-sort(y); print(s)
[1] -0.327  0.596  0.888  0.950
```

---

source	Einbinden von R-Code

BESCHREIBUNG

Einbinden von R-Code, der in der angegebenen Datei steht.

SYNTAX
    source("datei")

ARGUMENTE
    datei Ein Dateiname oder eine vollständig spezifizierte Pfadangabe (mit doppelten Backslashes!)

PAKET/BIBLIOTHEK
    package base

BEISPIELE
```
source("c:\\daten\\befehle.r")
```

sqrt   Quadratwurzel

BESCHREIBUNG

Bestimmt die Quadratwurzeln der Elemente von y.

SYNTAX

   sqrt(y)

ARGUMENTE

   y   Zahl, Vektor

AUSGABE

Objekt gleichen Typs wie y mit den Quadratwurzeln der Elemente von y.

PAKET/BIBLIOTHEK

   package base

BEISPIELE

   y<-sqrt(c(4,2)); print(y)
   [1] 2.000000 1.414214

Standabw   Standardabweichung

BESCHREIBUNG

Empirische Standardabweichung univariater Daten.

SYNTAX

   Standabw(y)

ARGUMENTE

   y   numerischer Vektor, Variable, Vektor, Häufigkeitstabelle (unklassiert und klassiert, als Labor-Objekt oder mit table erzeugt)

AUSGABE

Numerischer Wert, die Standardabweichung von y.

BEMERKUNGEN

Es gibt zwei Varianten der Funktion. In Variante von DStat_n.r erfolgt die Normierung mit dem Faktor $1/n$; bei der in DStat_n-1.r realisierten Variante ist der Faktor wie in R $1/(n-1)$.

PAKET/BIBLIOTHEK

Bibliothek DStat_n.r bzw. DStat_n-1.r

BEISPIELE

```
y<-c(3,4,6,3,2,8,6,1,3,4,6,5)
ta<-table(y)
print(Standabw(ta))
[1] 1.920286
```

stem — Stem-and-Leaf-Diagramm

BESCHREIBUNG

Erstellen eines Stem-and-Leaf-Diagramms für einen Datenvektor.

SYNTAX

stem(y)

ARGUMENTE

y   Vektor

AUSGABE

Es wird das Stem-and-Leaf-Diagramm erstellt und angezeigt.

PAKET/BIBLIOTHEK

package graphics

BEISPIELE

Siehe Seite 104.

sum — Summe

BESCHREIBUNG

Summe aller in einem Vektor enthaltenen Elemente.

SYNTAX

sum(y)

ARGUMENTE

    y   Vektor

AUSGABE

    Wert der Summe

PAKET/BIBLIOTHEK

    package base

BEISPIELE

```
y<-c(1:6); s<-sum(y); print(s)
[1] 21
```

---

summary   Eigenschaften

BESCHREIBUNG

Ausgabe einer Übersicht über die wesentlichen Charakteristika eines R-Objektes.

SYNTAX

    summary(obj)

ARGUMENTE

    obj   Ein R-Objekt

AUSGABE

Je nach Art der Eingabe obj gibt diese Funktion eine Übersicht über die wesentlichen Charakteristika aus:
obj = univariater Datensatz, Vektor: 5-Zahlenzusammenfassung, ohne Umfang der Daten aber mit arithmetischem Mittel.
obj = Ergebnis der Funktion lm: Übersicht über das Regressionsergebnis.

BEMERKUNGEN

Matrizen werden spaltenweise als Vektoren behandelt; bei Zeitreihen werden die Zusatzeigenschaften nicht berücksichtigt.

PAKET/BIBLIOTHEK

    package base

BEISPIELE

```
y<-c(-0.327, 0.888, 0.950, -2.135, 0.596, 1.231)
y<-matrix(y,2,3); print(summary(y))
```

```
       X1                X2                X3
Min.    : -0.32700 Min.    : -2.1350 Min.    : 0.5960
1st Qu. : -0.02325 1st Qu. : -1.3638 1st Qu. : 0.7548
Median  :  0.28050 Median  : -0.5925 Median  : 0.9135
Mean    :  0.28050 Mean    : -0.5925 Mean    : 0.9135
3rd Qu. :  0.58425 3rd Qu. :  0.1787 3rd Qu. : 1.0722
Max.    :  0.88800 Max.    :  0.9500 Max.    : 1.2310
```

t	Transponierung einer Matrix

BESCHREIBUNG

Es wird die Transponierte einer Matrix gebildet.

SYNTAX

```
y<-t(x)
```

ARGUMENTE

x   Matrix

AUSGABE

Matrix, die Transponierte von x.

PAKET/BIBLIOTHEK

package base

BEISPIELE

```
x<-matrix(c(1:6),2,3); print(x)
     [,1] [,2] [,3]
[1,]    1    3    5
[2,]    2    4    6
y<-t(x); print(y)
     [,1] [,2]
[1,]    1    2
[2,]    3    4
[3,]    5    6
```

t.test   Ein- und Zweistichproben-t-Test

BESCHREIBUNG

Testen einer Hypothese über einen Erwartungswert oder den Vergleich zweier Erwartungswerte bei Normalverteilung.

SYNTAX

    t.test(x)

ARGUMENTE

    x   Vektor, Werte der (ersten) Stichprobe

OPTIONALE ARGUMENTE

    y   Vektor, Werte der zweiten Stichprobe
    alternative="a"   Wahl der Alternative. Für a darf stehen:
        two.sided, less, greater
    mu=0   Erwartungswert unter H_0 oder Differenz der Erwartungswerte.
    paired   Logischer Wert (TRUE oder FALSE), der angibt, ob bei zwei Stichproben diese als parallelisiert betrachtet werden sollen oder nicht.
    var.equal   Logischer Wert (TRUE oder FALSE), der angibt, ob die Varianzen als gleich unterstellt werden oder nicht.
    conf.level=0.95   Wahl des Konfidenzniveaus $1-\alpha$ bzw. des Testniveaus α. Statt 0.95 darf ein anderer Wert zwischen 0 und 1 eingegeben werden.

AUSGABE

Liste mit folgenden Komponenten:
    statistic   Wert der t-Teststatistik
    parameter   Anzahl der Freiheitsgrade der t-Teststatistik
    p.value P-Wert
    conf.int   Konfidenzintervall für den Erwartungswert (bzw. die Differenz der Erwartungswerte), das der gewählten Hypothese entspricht.
    estimate   Schätzwert für den Erwartungswert (bzw. die Differenz der Erwartungswerte)
    null.value   Erwartungswert unter H_0 oder Differenz der Erwartungswerte.
    alternative   Zeichenkette, die die gewählte Alternative beschreibt.
    method   Zeichenkette, die angibt, welcher t-Test berechnet wurde.
    data.name   Zeichenkette mit dem Namen der Daten.

PAKET/BIBLIOTHEK

    package stats

table — Häufigkeitstabelle

BEISPIELE

Siehe Seite 152.

---

table   Häufigkeitstabelle

BESCHREIBUNG

Zu einem Vektor wird eine einfache Häufigkeitstabelle der absoluten Häufigkeiten erstellt.

SYNTAX

```
table(y)
```

ARGUMENTE

y   Vektor

AUSGABE

Häufigkeitstabelle mit den unterschiedlichen Werten in der ersten Zeile und den absoluten Häufigkeiten in der zweiten.

PAKET/BIBLIOTHEK

```
package base
```

BEISPIELE

```
y<-c(3,2,4,3,6,5,1,3,4,3,5,2,6,4,1,1,3)
print(table(y))
```

```
y
1 2 3 4 5 6
3 2 5 3 2 2
```

---

ts   Zeitreihenattribute

BESCHREIBUNG

Einem Vektor werden Zeitreihenattribute zugeordnet.

SYNTAX

```
ts(y)
```

ARGUMENTE

y   Vektor

OPTIONALE ARGUMENTE

start=s   Ein Wert, der den Startzeitpunkt festlegt
frequency=f Ein Wert, der festlegt, in wie viele Teilintervalle das Einheitszeitintervall unterteil werden soll.

AUSGABE

Zeitreihenobjekt

PAKET/BIBLIOTHEK

package stats

BEISPIELE

Siehe Seite 66.

---

var   Varianz

BESCHREIBUNG

Varianz eines Vektors.

SYNTAX

var(y)

ARGUMENTE

y   Vektor

OPTIONALE ARGUMENTE

z   Vektor der gleichen Länge wie y.

AUSGABE

Varianz der in y enthaltenen Daten. Zur Normierung wird der Faktor $1/(n-1)$ verwendet.
Bei Eingabe eines zusätzlichen Vektors wird die Kovarianz der beiden Vektoren bestimmt.

PAKET/BIBLIOTHEK

package stats

BEISPIELE

```
y<-c(-0.327, 0.888, 0.950, -2.135, 0.596)
s<-var(y); print(s)
```
```
[1] 1.677814
```

Varianz   Varianz

BESCHREIBUNG

Empirische Varianz univariater Daten.

SYNTAX

    Varianz(y)

ARGUMENTE

    y   numerischer Vektor, Variable, Vektor, Häufigkeitstabelle (unklassiert und klassiert, als Labor-Objekt oder mit table erzeugt).

AUSGABE

Numerischer Wert, die Varianz von y.

BEMERKUNGEN

Es gibt zwei Varianten der Funktion. In Variante von DStat_n.r erfolgt die Normierung mit dem Faktor $1/n$; bei der in DStat_n-1.r realisierten Variante ist der Faktor $1/(n-1)$ (wie in R).

PAKET/BIBLIOTHEK

    Bibliothek DStat_n.r bzw. DStat_n-1.r

BEISPIELE

    y<-c(3,4,6,3,2,8,6,1,3,4,6,5)
    ta<-table(y)
    print(Varianz(ta))
    [1] 3.6875

Verteil   Verteilungsfunktion

BESCHREIBUNG

Berechnung der empirischen Verteilungsfunktion für univariate Daten an angegebenen Stellen.

SYNTAX

    Verteil(y,y0)

ARGUMENTE

    y   numerischer Vektor, Variable, Vektor, Häufigkeitstabelle (unklassiert und klassiert, als Labor-Objekt oder mit table erzeugt)

    y0   Vektor von Stellen, an denen die Werte der empirischen Verteilungsfunktion berechnet werden sollen.

AUSGABE

Vektor von numerischen Werten, der die Werte der empirischen Verteilungsfunktion an den angegebenen Stellen enthält.

PAKET/BIBLIOTHEK

Bibliothek DStat_n.r bzw. DStat_n-1.r

BEISPIELE

```
y<-c(3,4,6,3,2,8,6,1,3,4,6,5)
ta<-table(y)
print(Verteil(ta,c(1,3.2,7)))
```
```
[1] 0.08333333 0.41666667 0.91666667
```

---

wilcox.test · Wilcoxon-Rangtests

BESCHREIBUNG

Rangtests der Lage einer symmetrischen Verteilung oder Vergleich der Lage zweier Verteilungen

SYNTAX

wilcox.test(x)

ARGUMENTE

x · Vektor, Werte der (ersten) Stichprobe

OPTIONALE ARGUMENTE

y · Vektor, Werte der zweiten Stichprobe
alternative="a" · Wahl der Alternative. Für a darf stehen:
two.sided, less, greater
mu=0 · Lageparameter unter H_0 oder Differenz der Lageparameter.
paired · Logischer Wert (TRUE oder FALSE), der angibt, ob bei zwei Stichproben diese als parallelisiert betrachtet werden sollen oder nicht.
exact · Logischer Wert (TRUE oder FALSE), der angibt, ob ein exakter P-Wert berechnet werden soll.
conf.int · Logischer Wert (TRUE oder FALSE), der angibt, ob ein Konfidenzintervall berechnet werden soll.
conf.level=0.95 · Wahl des Konfidenzniveaus $1-\alpha$ bzw. des Testniveaus α. Statt 0.95 darf ein anderer Wert zwischen 0 und 1 eingegeben werden.

16. Referenz von R-Funktionen

AUSGABE

Liste u.a. mit folgenden Komponenten:
`statistic`	Wert der Teststatistik mit dem Namen des Tests
`parameter`	Parameter der exakten Verteilung der Teststatistik
`p.value`	P-Wert
`null.value`	Wert des Lageparameters unter H_0
`alternative`	Zeichenkette mit Angabe der Alternative
`method`	Der Typ des angewendeten Tests.
`conf.int`	Konfidenzintervall für den Erwartungswert (bzw. die Differenz der Erwartungswerte), das der gewählten Hypothese entspricht.
`estimate`	Schätzwert für den Erwartungswert (bzw. die Differenz der Erwartungswerte)

BEMERKUNGEN

Zu weiteren optionalen Argumenten und Komonenten der Ausgabeliste sei auf die R-Referenz verwiesen.

PAKET/BIBLIOTHEK

`package stats`

BEISPIELE

Siehe Seite 153.

Liste typischer Auswertungen

Univariate Daten

Fünf-Zahlen-Zusammenfassung 52
Komponenten selektieren 55
Zusammenfügen von Vektoren zu einer Matrix 57
Erstellung und Ausgabe einer Liste 63
Laden eines Datensatzes und Ansprechen der Variablen 65
Datensatz aus einer Matrix 65
Einfache Häufigkeitstabelle und Stabdiagramm 102
Verteilungsfunktion aus Häufigkeitstabelle 103
Stem-and-Leaf-Diagramm 104
Box-Plots 105
Einfaches Histogramm 106
Histogramm mit eigener Klassierung 106
Verteilungsfunktion und Quantile aus Häufigkeitstabelle I 108
Verteilungsfunktion und Quantile aus Häufigkeitstabelle II 109
Empirisches QQ-Diagramm 110
Übereinanderlegen zweier Verteilungsfunktionen 111
Summarische Beschreibung eines Datensatzes 112
Arithmetisches Mittel und Standardabweichung 112
Verschiedene Maßzahlen 113
Gepoolte Varianz 114

Bivariate Daten

Selektieren nach einer der Variablen 115
Kontingenztafel 116
Streudiagramm 117
Korrelation und Rangkorrelation 118

Wahrscheinlichkeitsrechnung

Rand- und bedingte Verteilungen 123
Wahrscheinlichkeiten bei diskreten Verteilungen 126
Bestimmung eines diskreten Verteilungsmodells 128
Histogramm und Exponentialverteilungsdichte 129
QQ-Diagramm bei Exponentialverteilung 131
Histogramm und Normalverteilungsdichte 132
Wahrscheinlichkeiten und Quantile bei der Normalverteilung 133
QQ-Diagramm bei Normalverteilung 134

Stichprobenfunktionen, Schätzen und Testen

Standardfehler des Median mit dem Bootstrap 76
Standardfehler mit dem Bootstrap-Verfahren 141
Likelihoodfunktion 143
Iterative Bestimmung einer ML-Schätzung 144
Konfidenzintervall für eine Wahrscheinlichkeit 150
Konfidenzintervall für den Median 151
Zweistichproben-t-Test 152
Wilcoxon-Rangsummentest 153
Varianzanalyse 155
χ^2-Anpassungstest 156
Überprüfen des Zusammenhangs zweier Merkmale 157

Regression

Regression mittels elementaren Berechnungen 159
Prognosen mittels Regression 162
Regressionskoeffizienten mit Standardfehlern 163
Regressionsgerade mit Prognoseintervallen 163
Regression mit `lm` 164
Linearisierung eines Zusammenhanges 165
Multiple Regression mit `Regress` 168
Multiple Regression mit `lm` 169
Check eines Regressionsmodells 170
Multikollinearität 172

Literatur

Anscombe, F. (1973), Graphs in statistical ananlysis; *American Statistician* **27**, 17–21.

Berning, E., Schindler, G. und Kunkel, U. (1996), *Teilzeitstudenten und Teilzeitstudium an den Hochschulen in Deutschland*. München: Bayerisches Staatsinstitut für Hochschulforschung und Hochschulplanung.

Burmaster, D.E. and Murray, D.M. (1997), A trivariate distribution for the height, weight, and fat of adult man; revised for *Risk Analysis*.

Burrell, Q.L. and Cane, V.R. (1982), The analysis of library data; *Journal of the Royal Statistical Society, Series A*, 145, 439–471.

Carey, J. R., Liedo, P., Orozco, D., and Vaupel, J. W. (1992), Slowing of mortality rates at older ages in large medfly cohorts, *Science* 258, 457–461.

Caver, R. (1998), What does it take to heat a new room? *Journal of Statistics Education*, 6.

Chambers, J.M. and Hastie, T.J. (1992), *Statistical Models in S*; Pacific Grove: Wadsworth & Brooks/Cole.

Chatterjee, S. und Price, B. (1995), *Praxis der Regressionsanalyse*; München: Oldenbourg.

Crawley, M.J. (2002), *Statistical Computing; An Introduction to Data Analysis using S-Plus*; New York: Wiley.

Dalgaard, P. (2002), *Introductory Statistics with R*; Berlin: Springer Verlag.

Dolić, D. (2004), *Statistik mit R*; München: Oldenbourg Verlag.

Draper, N. and Smith, H. (1981), *Applied Regression Analysis*; Wiley, New York.

Feller, W. (1971), *An introduction to probability theory and its applications Vol. II*; Wiley: New York.

Fortune, September 7, 1992. 'The Billionaires.' pp. 98-138.

Freedman, D., Pisani, R., Purves, R., and Adhikari, A. (1991), *Statistics*; New York: W.W.Norton.

Glass, G.V., Wilson, V.L. and Gottman, J.M. (1975), *Designed Analysis of Time Series Experiments*; Colorado Associated University Press.

Greenberg, D.H. and Kosters, M. (1970), Income guarantees and the working poor, *The Rand Corporation*, (R-579-OEO).

Griffin, Smith and Watts (1982), Deriving the normal and exponential densities using EDA techniques; *The American Statistician*, 36, 373–377.

Grune, C. und de Witt, C. (2004), Pädagogische und didaktische Grundlagen computergestützten kollaborativen Lernens. In: Haake, J.M., Schwabe, G. und Wessner, M. (Hg.): *CSCL-Kompendium. Lehr- und Handbuch zum computerunterstützten kooperativen Lernen.* 34–49. München: Oldenbourg.

Hand, D.J., Daly, F., Lunn, A.D., McConway, K.J. and Ostrowski, E. (1994), *Small Data Sets*; London: Chapman & Hall.

Heiler, S. und Michels, P. (1994), *Desriptive und Explorative Datenanalyse*; München: Oldenbourg.

Kleinbaum, D.G., Kupper, L.L., Muller, K.E. and Nizam, A., (1998), *Applied Regression Analysis and Other Multivariable Methods*; Duxbury Press, Brooks/Cole.

Krause, A. and Olson, M. (2002), *The Basics of S-Plus, 3rd ed.*; Berlin: Springer Verlag.

Krause, C. et al. (1996), *Umwelt-Survey 1990/92, Band Ia, Studienbeschreibung und Human-Biomonitoring*; Berlin: Umweltbundesamt.

Ligges, U. (2007), *Programmieren mit R, 2. Auflage*; Berlin: Springer Verlag.

Mackowiak, Wasserman, and Levine (1992), A Critical Appraisal of 98.6 Degrees F, the Upper Limit of the Normal Body Temperature, and Other Legacies of Carl Reinhold August Wunderlich; *Journal of the American Medical Association*.

Matan, K., Williams, R.B., Witten, T.A., and Nagel, S.R. (2002), Crumbling a thin sheet; *Physical Review Letters*, **88,7**, 076101-1–076101-4

Nelson, W. (1982), *Applied Life Data Analysis*; New York: Wiley.

Schlittgen, R. (2008), *Einführung in die Statistik, 11te Auflage*; München: Oldenbourg.

Scholing, E. und Timmermann, V. (2000), Der Zusammenhang zwischen politischer und ökonomischer Freiheit: Eine empirische Untersuchung; *Schweizerische Zeitschrift für Volkswirtschaft und Statistik* **136**, 1–23.

Süsselbeck, B. (1993), *S und S-Plus, Eine Einführung in Programmierung und Anwendung*; Stuttgart: Gustav Fischer Verlag.

Thadewald, T. (1998), *Uni- und bivariate Dichteschätzung, Optimale Bandbreitenbestimmung und Anwendungen.* Unveröffentlichte Dissertation an der FU Berlin.

Union Bank der Schweiz (2003), *Preise und Löhne*; Zürich: UBS.

Venables, W.N. (2000), *S-Programming*; Berlin: Springer Verlag.

Venables, W.N. and Ripley, B.D. (2002), *Modern Applied Statistics with S, 4th ed.*; Berlin: Springer Verlag.

Index

Ablehnbereich, 147
Anpassungstest, 156
Anweisung, bedingte, 74
Arbeitsblatt, 12
Assoziationsmaß von Cramer, 116
Ausreißer, 141
Auswahldiagramm, 127

Bericht-Erstellen-Wizard, 27
Bernoulli-Prozess, 122
Bestimmtheitsmaß, 159
 adjustiertes, 162
Bias, 139
Bootstrap-Methode, 141
Box-Plot, 105

Datei
 ASCII-, 25, 64
 Excel-, 24
Datenmatrix, 101
Datensatz, 30, 64
 -import, 23
 gepoolter, 113, 114
Datentyp, 59
Dichte, 52, 124

Ereignis, 121
Erwartungstreue, 139
Erwartungswert, 124
Exponentialverteilung, 129

Faktor, 62, 156
Fehler
 bei Tests, 147
 mittlerer quadratischer, 139
Fünf-Zahlen-Zusammenfassung, 52
Funktion, 69
 eigene, 75

Galton-Brett, 122
Gesetz der großen Zahlen, 138
Gleichmöglichkeitsmodell, 121
Glivenko-Cantelli, Satz von, 139
Grafik-Typ, 36, 77
 Box-Plot, 78
 Cleveland-Dot-Chart, 79
 eindimensionales Streudiagramm, 82
 empirisches QQ-Diagramm, 82
 Histogramm, 79
 Indexplot, 80
 Kreisdiagramm, 80
 Linienzug, 84
 Normalverteilungs-QQ-Diagramm, 82
 Säulendiagramm, 78
 Stabdiagramm, 80
 Streudiagramm-Matrix, 86
 zweidimensionales Streudiagramm, 84
Grafikfunktion
 High-Level-, 78
 Low-Level-, 87
Grenzwertsatz, zentraler, 132, 137
GUI, V

Häufigkeit
 absolute, 102
 bedingte, 116
 kumulierte, 102
 relative, 102

Häufigkeitsdichte, 105
Häufigkeitstabelle, 33, 102
Histogramm, 105
Hypothese, 147

Index
    negativer, 71
Indizierung, 70
    einer Matrix, 72
    eines Vektors, 70

Kerndichteschätzung, 81
Klassierung, 33
Kommentierung, 47
Konfidenzintervall, 148
    approximatives, 149
    einseitiges, 150
    punktweises, 163
    R-Funktion, 93
Konfidenzniveau, 148
Konnektor, 12
Konsistenz, 139
Kontextmenü, 13
Kontingenztafel, 34, 116
Kontroll-Struktur, 74
Korrelationskoeffizient, 118, 125
Kovarianz, 118

Leiste
    Einstellungs-, 8
    Objekt-, 7
    Projekt-, 9
    Status-, 9
    Symbol-, 7
    Textformatierungs-, 9
    Werkzeug-, 8
Likelihoodfunktion, 143
Liste, 63

Matrix, 56, 61
Median, 111
Menü, 9
Merkmal, 101
    kategoriales, 33
Methode der kleinsten Quadrate, 159, 167
Minimum einer nichtlinearen Funktion, 144
Mittel

arithmetisches, 111
getrimmtes, 141
Modell
    lineares, 164
modus
    Rechen-, 14
    Schreib-, 14
Multikollinearität, 172
Musterlösungseditor, 93

Normalverteilung, 132

Objekt, 12
    aktives, 12
    Verbindung von -en, 12
Operation
    Matrizen-, 72
Operator, 67
    Boolscher, 69
    mathematischer, 67
    Vergleichs-, 68

P-Wert, 34
Phi-Koeffizient, 34, 116
Potenztransformation, 165
Produkt
    äußeres, 74
    Matrizen-, 72
Prognoseintervall, 163
Prüfgröße, 147

QQ-Diagramm
    empirisches, 109
    theoretisches, 130
Quantil, 91, 102
Quartilsabstand, 111

R-Kalkulator, 45
Randverteilung, 123
Realisationsmöglichkeit, 102
Regression, 159
    einfache lineare, 159
Regressionsmodell
    Diagnose, 170
    multiples lineares, 167
Regressionsmodell, lineares, 161
Residuendiagramm, 170
Residuum, 159
Rug, 88

Schätzfunktion, 139
  robuste, 141
Schätzmethode, 142
  Maximum Likelihood-, 143
  Momenten-, 142
Schleife, 74
Separator, 67
Simulation, 141
Skala, 101
  metrische, 101
  Nominal-, 101
  Ordinal-, 101
Spannweite, 111
Stabdiagramm, 102
Standardabweichung, 111
Standardfunktion, 50
Standardnormalverteilung, 132
Statistik-Taschenrechner, 46, 48
Stem-and-Leaf-Diagramm, 104
Stichprobe, 137
Stichprobenfunktion, 137
Stichprobenverteilung, 137
Streudiagramm, 117
Streuungsanteil
  externer, 114
  interner, 114
Symboldarstellung, 14
Syntaxhighlighter, 46

Tafel der Varianzanalyse, 155
Test, 147
  Chi-Quadrat-, 34
  F- bei der Regression, 164
  R-Funktion, 93
  Wilcoxon-Rangsummen, 154
  Wilcoxon-Vorzeichen-Rang-, 152
  χ^2-Anpassungs-, 156
  χ^2-Unabhängigkeits-, 157
  Zweistichproben-t-, 153
Testfunktion, 147

Textausdruck, 47
Texteditor, 14
Transformation
  Daten-, 31
  Zeitreihe, 32
Tschebyschev-Ungleichung, 112, 125

Urliste, 30, 102

Variable, 47
  kategoriale, 33
  statistische, 101
Varianz, 111, 125
  gepoolte, 114
Varianzanalyse, 154
Varianzzerlegungsformel, 154
Vektor, 53
  Erzeugen eines -s, 53
  Indizierung eines -s, 54
  R-, 60
  Selektieren von Komponenten, 55
Verteilung, 51
  bedingte, 123
  diskrete, 125
  Rand-, 123
Verteilungsfunktion, 52, 124
  empirische, 102

Wahrheitswert, 60
Wahrscheinlichkeit, 121
Wahrscheinlichkeitsfunktion, 52, 123
Wurzel-n-Gesetz, 137

Zahlkonstante, 60
Zeichenkette, 60
Zeitreihe, 32, 58, 66
Zufallsexperiment, 121
Zufallsvariable, 122
Zufallszahl, 29
Zuordnung, 47
  -spfeil, 47

If you have any concerns about our products,
you can contact us on
ProductSafety@springernature.com

In case Publisher is established outside the EU,
the EU authorized representative is:
**Springer Nature Customer Service Center GmbH
Europaplatz 3, 69115 Heidelberg, Germany**

Printed by Libri Plureos GmbH
in Hamburg, Germany